吉川勝秀

河川の管理と空間利用
川はだれのものか、どうつき合うか

鹿島出版会

扉写真＝徳島・新町川の河畔公園とリバー・ウォーク

はじめに

　本書は、国民共通の資産である河川の管理と河川空間の利用について述べたものである。
　河川の管理においては、水害の危険性に対応すること、そして河川空間の利用においては、水害の危険性を高めないこと（すなわち治水上の配慮）や、河川にかかわる法律（政令）や規則などに従うことが必要である。
　河川は国民共通の資産であることから、誰でもが他に迷惑をかけない範囲で自由に使用すること（河川空間の自由使用）が原則である。その河川空間を、自由使用ではなくして（自由使用を排除して）、公園や運動場などの特定の目的で使用する場合、すなわち河川を占用する場合は許可を要する。その許可にあたっては、必要とされる基本的な要件がある。
　このような河川の管理や河川空間の利用について、全体像を記した専門的な解説書はほとんどない。筆者が執筆にかかわった本に、堤防や水門などの河川管理施設や、橋梁や堰などの許可工作物を、河川に新設または改築する場合に基準となる「河川管理施設等構造令」（政令）とその解説、河川の占用に関する「河川敷地占用許可準則」、「工作物設置許可基準」とその解説などがある。しかし、いずれも個別の専門的な内容であり、河川の管理や河川空間の利用の一部分を述べたものに過ぎない。このため、河川の管理や河川空間の利用についての基本ルールなどを全体的に扱った本が求められている。
　近年、河川の管理などが地方に分権・移管される方向である。国民共通の資産である河川を地域で適切に管理し、利用するには、これまでのように2～3年で異動する現場の河川管理者（行政担当者）の専管的なものから、地域で長く暮らし、継続して活動する市民団体や基礎自治体の関与するものに移行すべきである。このことから、これからの時代の河川の管理や空間利用の本質にかかわる本が求められていると考える。
　河川の管理の実務には、普通の日々の管理と、洪水時などの特異な日の管理がある。前者の普通の日々の管理には、許可工作物の設置の許認可、河川占用の許認可、河川の点検などがあり、広い意味では、洪水に対する安全度を高めるため

の事前の河川整備も含まれる。後者の特異な日の管理には、洪水時の河川巡視、洪水の予報・警報、水防活動の支援、河川の復旧・改良などに加え、地震被害への対応、水質事故への対応などが含まれる。そして、水害や水難事故に関する訴訟への対応も、それから派生した河川の管理の仕事である。

　20世紀後半は、河川を整備することにより、河川の管理の課題を解消・軽減することが、河川管理の中心となってきた。水害を防止・軽減するために河川を整備し、都市や地方に水を供給するためにダムなどを建設した。それは、長い河川の管理の歴史からみると、特異な時代であったといえる。

　これからの時代は、特異な日の河川の管理に加え、既にある河川を適切に管理しつつ、河川空間の利用を進める時代である。

　普通の日々において河川空間の利用を進めること、そして都市の河川を再生し、川から都市を再生することを、河川の管理の中心に据える時代である。このため河川の管理に携わる者は、都市・地域の計画、整備や再生にかかわる知識と認識が必要とされる。河川空間の利用においては、従来の利用形態、すなわち牧草地などの利用、都市域で不足している公園・緑地や運動場の利用などにとどまらず、健康・福祉・医療、そして教育などの面での利用も必要であろう。そしてそれらは、イベント的、一過性の河川利用から、日常的な利用、常設利用への展開が求められる。また、国民の大半が都市域に暮らすようになったこれからの時代には、都市の河川の再生、川からの都市再生も重要となる。都市にあって、水の流れや生き物のにぎわい、開けた空、流れる風を感じることができる河川で、子どもや大人たちが遊び、高齢者や障害者も川を体験できるようにすることも重要である。

　水害など特異な日の管理では、人口減少、少子・高齢化の時代にあって、河川整備の財政面での制約もさらに厳しい時代となり、事前の対応は容易でない。また、水害時の水防体制も極めて弱体化しており、この面でも対応は容易でない。20世紀後半は、事前の河川整備に希望を持った時代であったが、これからの時代は、災害の可能性を認識しつつ、河川の管理を行うとともに、災害後に相応の対応をする時代となる。

　本書は、以上のような河川の管理と河川空間の利用について、特に普通の日々の河川管理の実際とその基本的なノウハウ、そしてこれからの時代の河川空間の利用について述べたものである。河川空間の利用では、これからの時代を展望して、健康・福祉・医療と教育の視点、川のユニバーサルデザインの視点、都市再生における河川空間の視点から事例を示しつつ考察した。この面で、従来にない河川の本である。

最後に本書が、河川行政に携わる人や都市整備や再生にかかわる人、公園などを管理する行政関係者、それを支援するコンサルタント、さらには河川にかかわる市民・市民団体、河川関係の大学教員や学生らに利用されることを期待したい。

2009 年 2 月

吉川勝秀

目　次

はじめに

第1章　河川の整備と管理、利用の経過 ……… 1

1.1　長い時間スケールでの経過 ……………………………… 1
　（1）　この 2000 年の経過 …………………………………… 1
　（2）　明治以降の経過 ………………………………………… 4
　（3）　河川・運河舟運が交通手段の中心であった時代の都市の風景 ……… 6
　（4）　河川法における河川管理の目的についての考察 …………… 9
　（5）　河川は誰のものか、誰が管理するのか ………………………… 10
1.2　近年の都市化の時代の経過 ……………………………… 11
　（1）　稲作農耕社会から都市社会へ ………………………… 11
　（2）　都市の河川とその沿川空間の変化 …………………… 14
　（3）　都市計画（構想）の中の河川空間 …………………… 18
　（4）　東京オリンピック後の河川空間利用 ………………… 21
　（5）　河川空間利用の計画的誘導 …………………………… 22
　（6）　喪失した河川空間の再生 ……………………………… 24
　（7）　都市の中の河川空間の利用（川の必須の装置：リバー・ウォーク） …… 26
　（8）　河川の治水整備と洪水対応（特異な日の管理、そのための管理） …… 28
　（9）　時間概念を導入した河川整備、河川の実管理 ………… 32
　（10）　洪水時の対応、対応準備 ……………………………… 32
　（11）　水害裁判で確認された治水面での河川管理のルール … 33
　（12）　河川整備の変化：多自然型川づくりから多自然川づくり、
　　　　さらには都市・地域の空間としての河川整備へ ……… 34
1.3　これからの展望 …………………………………………… 36
　（1）　河川利用の展望 ………………………………………… 36
　（2）　治水管理の展望 ………………………………………… 38

第2章 河川の整備、管理の実態 … 43

2.1 広い意味での河川管理
　　——河川整備は河川管理の課題を解消・軽減する手段 … 43
2.2 日本と欧米の河川管理の比較からの考察 … 44
2.3 20世紀後半は特異な時代——河川の整備中心の時代 … 45
　（1） 地方の管理から国の直轄管理へ … 45
　（2） 河川整備の進展 … 46
　（3） 水資源開発のためのダム建設 … 47
　（4） 河川整備が中心の時代 … 47
　（5） 水害裁判 … 47
　（6） ダムや河口堰建設をめぐる問題：環境を理由として … 48
　（7） 環境の問題から財政の問題へ … 48
　（8） 河川管理の経験などの問題 … 49
　（9） 戦後の河川整備、河川管理などにかかわる主な経過 … 50
2.4 これからは河川空間を生かす時代 … 51
　（1） 都市の河川を生かす（河川の再生、川からの都市再生） … 51
　（2） 地方の川を生かす（拠点的利用。健康・福祉・医療と教育） … 56
　（3） リバー・ウォークは都市・地域と河川とを結びつける必須の装置 … 61
　（4） 舟運は都市・地域で河川空間を生かす装置 … 61

第3章 河川利用のルール … 77

3.1 治水上の理由——このルールを踏み外すことはない … 77
　（1） 治水上の支障 … 77
　（2） 治水上の支障の判断 … 78
　（3） 不適切な利用と治水上の支障 … 79
　（4） 計画に基づく許認可 … 79
　（5） 頑迷な河川管理が残したもの … 80
　（6） 不適切な占用申請への対応 … 80
3.2 公的な占用主体 … 80
3.3 河川敷地占用の弾力化での原則 … 81
3.4 歴史的な経過からの占用への対応 … 82
3.5 無理な占用の発展的な解決策 … 83

3.6 「河川敷地占用許可準則」での占用許可……………………………83
　(1)　河川敷地占用許可準則の概要………………………………83
　(2)　準則の変化と計画に基づく許認可への転換………………88
3.7 「河川管理施設等構造令」による施設設置の許可など……88
3.8 計画に基づく利用へ
　　──河川環境管理基本計画、ふるさとの川、マイタウン・マイリバー、
　　　公園と一体化した計画など…………………………………89
　(1)　計画に基づく許認可…………………………………………89
　(2)　河川環境管理基本計画の占用許可での位置づけ…………90
　(3)　堤防を取り込む河川利用……………………………………90
　(4)　堤防の幅を広げることによる河川利用……………………93
3.9 さらに将来を展望した利用
　　──健康・福祉・医療・教育、川のユニバーサルデザイン、
　　　都市での川からの都市再生…………………………………96

第4章　優れた河川利用の事例 …………………… 103

4.1 河川と公園を一体化させた整備と利用──恵庭市・茂漁川 ………… 103
4.2 川の中と外を一体化した利用──鬼怒川・小貝川の6事例 ………… 105
　(1)　栃木県さくら市氏家の鬼怒川・河川公園…………………106
　(2)　栃木県宇都宮市の鬼怒川・「川の海」………………………107
　(3)　栃木県真岡市の鬼怒川・自然教育センター（老人研修センター併設）108
　(4)　栃木県二宮町の鬼怒川・「川の一里塚」公園………………110
　(5)　茨城県下妻市の小貝川・河川公園…………………………111
　(6)　茨城県取手市藤代の小貝川・総合公園……………………113
4.3 都市の河川の利用
　　──河畔緑地、必須の装置としての川の中と河畔のリバー・ウォーク… 116
4.4 教育面での利用①──川にはあらゆる教材がある ………………… 120
4.5 教育面での利用②──子どもも大人も、高齢者も障害者も ……… 120
4.6 教育面での利用③──「川塾」、「水辺の楽校」と「川に学ぶ体験活動」… 121
4.7 福祉面での利用──「ケアポートよしだ」…………………………… 121
4.8 医療面での利用──秋田県・子吉川の本荘第一病院の「癒しの川」、
　　　　　　　　　　　多摩川癒しの会 ……………………………… 123
4.9 健康・福祉・医療と教育の複合的な利用 …………………………… 124

4.10　川からの都市再生の事例①——徳島市の新町川 ……………… *125*
4.11　川からの都市再生の事例②——北九州市の紫川、東京の隅田川、大阪の道頓堀川、台湾の高雄市・愛河、ソウルの清渓川、シンガポール川、北京の転河など ………………………………………………… *127*

第5章　川のユニバーサルデザイン……………………………… *133*

5.1　バリアフリー、ユニバーサルデザイン、ノーマライゼーション …… *133*
　　（1）　バリアフリー……………………………………………………… *135*
　　（2）　ユニバーサルデザイン…………………………………………… *135*
　　（3）　ノーマライゼーション…………………………………………… *136*
5.2　ユニバーサルデザインが必要とされる背景 ……………………… *137*
5.3　川のユニバーサルデザインの事例と基準 ………………………… *137*
　　（1）　川のユニバーサルデザインの対象とされる施設
　　　　　　——河川の法律（政令）などからみた場合………………… *137*
　　（2）　河川ごとに先行的に検討された手引、指針などからみた場合…… *139*
　　（3）　まちから川へのアクセスと川のネットワーク………………… *158*

第6章　今後必要なこと ………………………………………………… *161*

6.1　河川の空間管理、利用について …………………………………… *161*
　　（1）　河川の利用：イベントから日常利用、常設利用へ（健康・福祉・医療・教育とその複合利用）……………………………………… *161*
　　（2）　都市の河川の再生、川からの都市再生（必須の装置としてのリバー・ウォーク、舟運の再興）……………………………………… *161*
　　（3）　河川の管理への基礎自治体（市区町村）の関与の拡大へ（市区町村参加から主体へ）…………………………………………… *162*
　　（4）　市民（住民）主体、行政参加（徳島の事例に学ぶ）………… *163*
6.2　治水管理について …………………………………………………… *163*
　　（1）　河川の治水整備と管理：計画論から現実の管理へ…………… *163*
　　（2）　見かけの公平性から被害の程度を考慮した対応へ：超過洪水を考慮した治水へ………………………………………………… *164*
6.3　河川法の改正、河川の基準（占用許可準則、構造令、許可基準）の視点からの対応 ……………………………………………………… *165*

（1）　河川法の目的について……………………………………………… *165*
　（2）　「河川管理施設等構造令」、「河川砂防技術基準」などの法律、
　　　　基準など………………………………………………………………… *166*
　（3）　その他の基準類……………………………………………………… *166*
　（4）　河川管理・占用許可の基本ルールの伝承………………………… *166*
6.4　その他 …………………………………………………………………… *167*
　（1）　行政職員の素人化…………………………………………………… *167*
　（2）　地方分権化の時代の河川管理……………………………………… *167*
　（3）　基礎自治体の範囲を超えた課題への対応………………………… *168*

おわりに
索　　引

第1章

河川の整備と管理、利用の経過

　この章では、河川の整備と管理、利用について、長い時間スケールで眺めるとともに、特に近年の都市化の時代における変遷について述べる。

　河川整備の経過については簡潔に述べるにとどめ、河川管理や利用に重点を置いて述べることとする。

　なお、河川整備や治水対策、洪水への対応の詳しい経過は、参考文献[1]〜[4]を参照されるとよい。

1.1　長い時間スケールでの経過

　我が国では、稲作農耕の伝来とともに、小河川の氾濫原で稲作を行うようになり、さらに戦国時代以降は、大河川の氾濫原を開発して国土を形成してきた。その経過を2,000年のスケールで眺めると以下のようである[1]〜[4]。

(1)　この2,000年の経過

　我が国では、稲作の伝来とともに、小さな川のほとりで稲作農耕を行い、それによって古代国家群が成立し、大和朝廷による統一に至った。さらに時代を下ると、戦国大名とその後の徳川幕府と大名により、大河川の流路の付け替え・固定と新田開発が行われ、飛躍的に人口が増加した。約1,000万人の人口は3倍の約3,000万人になった（図1-1）。このような人口の増加、社会の発展は、水害の軽減、農業用水の手当てなどの河川整備と稲作農耕のための新田開発によっている（図1-2）。

　これらの時代は、河川とかかわりつつ、氾濫原で稲作農耕を行うことを基本とした社会であった。その社会基盤の上に、今日の社会につながる城下町などの都

年　代	人口・耕地面積	河　川　史	制　度	農業開発
紀元前500	自然河川の時代	前4世紀　人口：16万人 自然河川の時代　自然河川・湧水の利用による稲作の始まり		
0	小河川の時代 人口の推移	前1世紀　人口：40万人 小河川の時代　小河川からの灌漑による稲作の始まり 西暦50年　人口：70万人 第1次国土改造　古代農業国家の成立（邪馬台国、大和朝廷）による小河川沿いの組織的な水田開発（西日本）		灌漑農業始まる 適地開田の時代 ・内陸の湿地 ・湾奥の小三角州
500	溜池の時代 耕地面積の推移	200年　人口：250万人 溜池の時代　溜池からの灌漑による水田の拡大 崇神天皇（依網池・反折池） 藤仁天皇（高石池・琴澤池・狭城池） 応神・仁徳天皇（剣池・軽池） 行基（狭山池）　空海（満濃池）	大化の改新 （土地公有化） 班田収受の法 三世一身の法 墾田永代私有令 荘園発生	湧泉帯、谷底平野開田の時代 ・扇状地末端 ・谷底平野
1000		800年　人口：600万人 耕地面積：8,500km² 原立った河川整備はされず、社会は停滞	「森林伐採禁止令多発」 荘園乱立 二毛作始まる 畜力の利用	湿地、高乾湿開田の時代 ・小平野の干潟、三角州等の低湿地 （築堤、溝渠、溜池）
1500	大河川の時代	1550年　人口：1,060万人 耕地面積：10,000km² 第2次国土改造 大河川の時代　大河川の整備による開国開発 仙台平野：北上川の流れを遠賀瀬から石巻港へ変え、仙台平野を開発（伊達宗敦・政宗・河村孫兵衛） 関東平野：利根を東遷、荒川を西遷し、関東平野を開発（徳川家康・伊奈備前守忠次） 甲府盆地：富士川に信玄堤を建設（武田信玄・高坂弾正） 濃尾平野：木曽川に御囲堤を尾張を防衛（徳川義直） 大阪平野：淀川に分縄堤・太閤堤を建設（豊臣秀吉） 岡山平野：旭川に百間川放水路（池田光正・熊沢蕃山） 福山平野：芦田川を西に曲げて城下を守る（水野勝成） 広島平野：太田川に堤防を築き広島城下を守る（福島正則） 松山平野：重信川・石手川の改修（加藤嘉明・足立重信） 熊本平野：白川・緑川・坪井川の改修（加藤清正） 筑後平野：筑後川に千栗堤を建設（成富兵庫）	荘園制解体 郷村制成立 太閤検地 田畑の永代売買禁止 「山川の掟の制定」 （農地開発制限） イモ栽培の普及 土地永代売買禁止解除	大平野開田の時代 （商人資本の導入） ・扇状地 ・大氾濫原 ・大三角州 （奥州開発）の全域
1700	干拓の時代	1700年　人口：3,000万人 耕地面積：29,500km² 干拓の時代　西日本は海岸干潟を干拓、伊勢湾・大阪湾・太田川河口・有明海・八代海を干拓 見沼の干拓、見沼代用水建設（徳川吉宗・井沢弥惣兵衛）		台地開田の時代 ・台地
1800 1900 1950 1980	近代河川の時代	1850年　人口：3,000万人 耕地面積：30,000km² 第3次国土改造 近代河川の時代　河川整備による近代国家の建設 石狩平野：蛇行著しい石狩川をショートカット 仙台平野：新北上を堰堀、旧北上川と分離 関東平野：利根川に連続堤防、渡良瀬遊水池を建設 荒川放水路を建設して東京都心を防衛 越後平野：信濃川に大河津分水路・関屋分水を建設 富山平野：急流の常願寺川・黒部川を砂防工事、河口に震災波堤 濃尾平野：木曽・長良・揖斐の三川を分離した改修 大阪平野：淀川を開削して大阪市街地を防衛 近江平野：瀬田川浚渫・琵琶湖排水建設と湖岸を防衛 鳥取平野：千代川放水路を建設 出雲平野：松江平野 徳島平野：吉野川に連続堤防を建設し徳島平野を防衛 筑後平野：筑後川に連続堤防を建設し筑後平野を防衛	地租改正 「土地の私有、水は公有」の思想 農地改革 減反政策	沼沢地開田の時代 （国家資本の導入） ・悪条件の扇状地 台地、海浜 （北海道開発） 水田遊休化、転用の時代
2000	人口（万人）5,000　10,000　15,000 耕地面積　10,000　20,000　30,000 （km²）	2000年　人口：12,700万人 耕地面積：30,000km²	コメの自由化	

図 1-2　稲作の伝来、河川と氾濫原の整備、国の発展 [1]～[4]

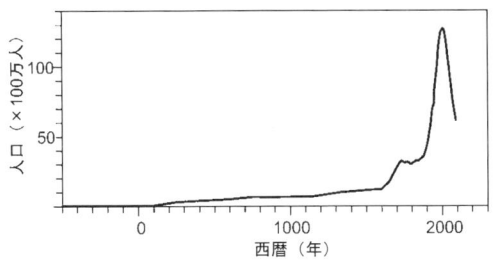

図 1-1　この 2,000 年の人口の変化

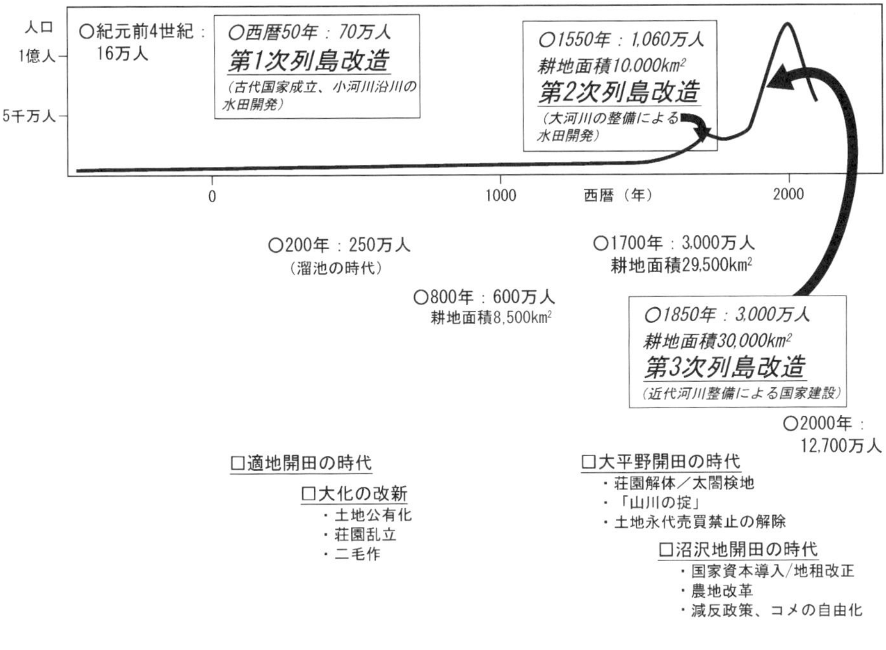

図 1-3　この 2,000 年の河川整備と国土の発展 [1), 3), 4)]

市化の萌芽もみられた（**図 1-3**）。

　この時代の河川の管理は、農業用水の確保とともに洪水への対応であった。そして、物資の輸送の中心が舟運であったことから、そのための河川の維持管理もなされていた。河川では漁も行われ、河川敷は農地に還元するための草刈り場や薪の提供の場ともなっていた。

（2） 明治以降の経過

　明治時代になって、我が国は欧米列強に追いつこうと、富国強兵を政策とし、さまざまな法制度が整備された。その中で、後年の河川管理や空間利用を決定づける大きな決定がなされた。すなわち、「土地は私有、水は公有」とすることが決められた。

　この決定により、河川は国民共有の資産となり、今日に至っている。欧米では、民有の河川もあるが、我が国では、すべての河川（河川以外の農業用水路などは除く）は国有である。そして河川の管理は国のほか、かつては機関委任として、今日では法定受託事務として都道府県により行われている。これには河川整備も含まれ、都道府県による河川整備に国から補助が出され、また国による河川整備・維持管理費用の一部（直轄負担金）を都道府県が分担している。

　明治時代の前半は、河川の管理の中心は物資輸送のための流路の確保にあり、普段の日々の河川の維持管理が主な内容であった。今日でいう低水管理である。その後、鉄道輸送の台頭により舟運が衰退してきたこと、そして水害の問題が大きくなったことから、洪水に対応するための高水管理が河川管理の中心となった。輸送手段が船から鉄道にシフトしたことにより、航路維持のための低水路整備や低水管理が途絶えたことは、後年、河川の流況管理がなされなくなることにつながっていった。例えば、鬼怒川では、川にほぼ直角に交差する常磐線と水戸線、そして河川に並行する常総鉄道の整備により、輸送手段が舟運から鉄道に変わったため、宗道河岸という水上交通の要所があった蛇行区間は、洪水氾濫を軽減するためにショートカットされ、その上下流に床止めが設けられた。この床止めにより、鬼怒川の舟運は完全に途絶えた。そして、第二次世界戦後には、中流部に設けられた農業用の取水堰（頭首工）からの取水（農業用水と都市用水の取水）により流況が悪化し、下流で「断流」が生じるようになった。

　1896(明治29)年に制定された「河川法」では、河川管理の目的は、洪水氾濫を防ぐ「治水」であった。

　戦後の高度経済成長期には、都市における人口の増加、都市化・工業化の進展、さらには農業の生産性の向上などのため、水の確保が重要な課題となった。これにより、河川法の目的に水資源の確保、安定した取水などの「利水」が付け加えられた。それが1964(昭和39)年の河川法の改正である。これは水資源開発に関する法律の制定とともに行われた。そして、従来行われていた農業用水の取水は、慣行水利として法定化された。

　また、河川管理の行政的主体については、この改正以降、それまでは都道府県管理であった多摩川など、いくつかの河川が国の直轄管理に移行し、河川の直轄

化が進められてきた（現在の地方分権化の検討では、逆に直轄河川の地方への移管が議論されている）。

その後、都市化・工業化の時代には、河川の水質が悪化したため、河床のヘドロの浚渫などの環境対策も実施されるようになった。そして、20世紀後半になると、ダムや河口堰の建設による環境問題などが社会的にも大きな問題となった。そのような時代背景の下で、1995（平成7）年に河川法が改正され、河川管理の目的に「環境」が加わり、河川は「治水」、「利水」、「環境」を総合的に管理するものとされた。この河川法の改正では、今後20～30年の河川整備計画の策定において、地域参加が位置づけられた。

これは、長良川河口堰や各地のダムが環境に与える影響とともに、計画が策定されてから長い年月が経過した事業の是非が問題となったためである。その事業が必要とされた水需要がなくなった、または大きく減少したのに、その事業を実施することが問題とされた。その多くは治水を理由に実施する必要があるとされたが、水資源の需要への対応は、ダムや河口堰での水開発しかないが、治水には多くの代替案がある。

このように河川法の目的に「環境」が追加され「地域参加」が位置づけされたが、「河川空間の利用」に関する位置づけはされなかった。当時は、社会も、また改正に携わる行政関係者も、「河川空間の利用」にまで思いが至っていなかった。

それは、戦後の河川管理が、水害に対応するための治水などの河川整備を中心として行われ、本来の中心たるべき河川空間の利用も含む河川管理は傍流とされてきたことから、河口堰やダム建設にかかわる環境問題、その事業決定への地域参加の必要性は強く意識されていたものの、都市や地域の河川空間の利用を含む河川管理についての知識や経験、志をもつ行政関係者が欠如していたこともその

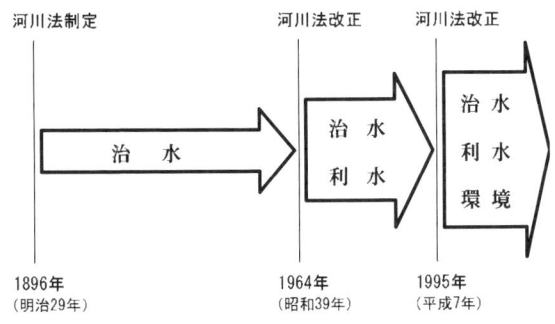

図1-4　河川法における河川管理の目的の変遷

背景にあったと考えられる（**図 1-4**）。

　少し遅れて法律が改正された海岸法の改正〔1999（平成 11）年〕では、その目的に海岸の「防御」と「環境」に加えて、「利用」が明確に位置づけられている。

（3）　河川・運河舟運が交通手段の中心であった時代と都市の風景

　江戸時代以降、明治時代後半までは、舟運が物資輸送の中心であった。舟運は、日本海沿岸や太平洋沿岸の海上輸送と結びついて、沿岸と内陸のネットワークを形成していた[5]。

　このため、各地の物資を荷揚げする場所には、まちが形成された（**図 1-5**）。江戸を例にしてみると、一般の商人が荷揚げする場所は河岸と呼ばれ、そこをいわば都市の表としてまち並みが形成された（当時は現在のように、道が物資輸送の中心ではなく、道がにぎわいのある都市の表ではなかった）。都市の中心部の運河（堀）や河川の岸には、ほぼ全面に河岸があり、そこに荷揚げ場、倉庫と並び、それを挟んで売り場があり、その外側ににぎわいのある通りがあった。また、河岸の一部に人々が集まる場があった。これらは当時の浮世絵にもみられる風景である。なお、町人が利用する河岸以外に、武家屋敷などでも自国などからの物資をさばく荷揚げ場があった。すなわち、江戸の河川と運河の大半は、河岸と荷揚げ場で、まちの表となっていた。

　そして、運河はそこを利用する商人らにより清掃され、水路が維持されていた。また、江戸には徳川家康により掘削された小名木川や江戸幕府の命で大名により整備された運河があり、幕府がその管理をしていた。そして、江戸と全国各地を結ぶ江戸川、利根川、鬼怒川は、当初、東照宮建設にかかわる天下普請で指名された大名により、舟運路としての整備された[6],[7]。

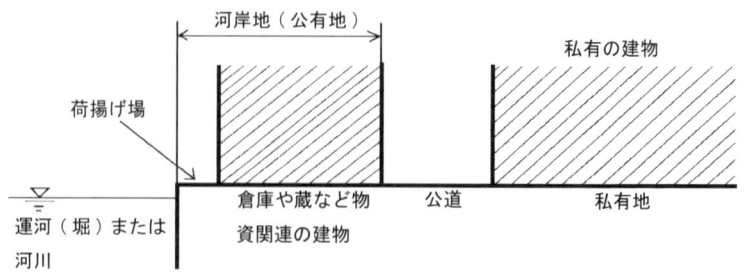

図 1-5　江戸・明治・昭和中期までの東京の河岸地（公有地）にみる川、運河とまちとの関係

明治になると荷揚げ場や倉庫を含めた通路までの河岸地は公有地となり、武家屋敷は国有地となった。河岸地は、蚕食されたが、その大半は公有の借地となっていた。それが民間に払い下げられたのは、戦後の美濃部都政の時代である。

戦後、運河の一部は戦災の瓦礫の処分場となった。そして、河川や運河の水は汚染され、河川や運河に張り出した不法建築も出現した。このように都市の裏となった河川や運河の多くは、東京オリンピック前には道路建設用地として埋め立てられ、あるいは上空が占用された。日本橋川は高速道路に上空を占用され、楓川は掘割の高速道路となった。東京駅付近の外堀も埋め立てられて道路となった。

このように、江戸時代から明治時代を通じて、運河や河川が、舟運による物資輸送との関係で、都市の表となってまち並みが形成されていた。その後、大正時代末期の関東大震災後の帝都復興計画（1923年）で、都市の骨格となる街路が整備された。第二次世界大戦後には自動車交通に対応して整備された街路・道路が、物資輸送や人の移動を担うようになり、街路・道路がにぎわいのある都市の表となった。

舟運が物流の動脈であった時代の河川・運河とまちの関係を、日本橋川を例にもう少し詳しく、時代を追ってみておきたい。

① 江戸初期：河岸地では、河川・運河（堀）に面して荷揚げ場と通路があり、水際に荷揚げ品が置かれる場所があった。その背後には蔵や商店などの建物があった。公道はさらにその背後にあった（図 1-6）。この公道から河川・運河までの区域を河岸地といい、公有地であった（それは戦後、公有地の払い下げが行われるまで続いた）。

図 1-6 江戸のまちと水辺の風景①
（江戸初期の日本橋付近。江戸図屏風。国立歴史民俗博物館所蔵）

図 1-7　江戸のまちと水辺の風景②
(江戸後期の日本橋付近。東都名所日本橋真景幷魚市全図。歌川広重)

② 江戸後期：川に面して荷揚げ場と通路があり、その背後に蔵などの建物があった。公道はさらにその背後にあり、最もにぎわう場所だった（**図 1-7**）。しかし、公道と河川・運河は建物により分断されていた。

③ 明治から昭和中期：あいかわらず物流輸送の中心は舟運で、河川・運河沿いには荷揚げ場と倉庫群が立地していた。その建物はより近代的なものとなったが、基本的な河川・運河とまちとの関係は変わっていない。しかし、舟運による物流が廃たれ、水が汚染されると、河川・運河の周辺のにぎわいはなくなった。

このように、まちと河川・運河との関係は、あくまでも舟運という物資輸送を介してのものであった。この物資輸送とかかわりがなく河川に面した建物が立地することはなかった。川沿いはむしろ倉庫などで、一般の人々と河川・運河とは、これらの建物によりむしろ分断されていたといえる。

河川・運河の水辺を生かした都市再生、まち並みの形成といった場合には、河川や運河がにぎわっていた江戸時代や明治時代をイメージされるかもしれないが、その時代の河川・運河と都市との関係はそのようなものであった。河川・運河とまちとの関係は舟運による物資輸送により成り立っていたことから、今日の社会とは大きく異なった社会であったことを認識する必要がある。

河川・運河を生かした都市再生、都市形成の議論は、かつてはノスタルジーで語られた。しかし、道路をつくって自動車の通過交通を都市に引き入れる時代が終焉した20世紀後半以降、河川や運河を生かした都市再生が、世界的な方向となっていることを認識しておきたい[8]。河川・運河は、都市形成の時代から存在し、かつ都市において生かすことができるほぼ唯一の公的な資産である。

（4） 河川法における河川管理の目的についての考察

　河川管理の目的は、河川と社会との関係や社会の河川への要請によって決まってくるといってよい。既に述べたように、河川法が制定された1896（明治29）年には、水害が大きな問題となっており、河川管理の目的は「治水」であった。1964（昭和39）年の法改正では、高度経済成長期にあって水資源の供給への要請の高まりから、「利水」が目的として加わった。そして1999（平成11）年の法改正では、環境への要請が高まり、「環境」が目的として加わった。

　「治水」は、社会の基盤を確固とするものであり、現在でも変わることのない基本的な管理の目的である。水害は自然現象である外力（降雨、洪水）と河川整備との相対的な関係で起こる[1]〜[4]。大河川では河川整備とともに水害頻度は大幅に低下したが、いったん堤防が決壊すると大災害になり、水害の危険性は潜在化している。また、地域による洪水対応として水防があるが、その体制は弱体化し、ほとんど機能不全に陥っている。基礎自治体は、避難の警報や指示、命令などを出すことしかできなくなっている。しかも不適切に出されることが多い。これは、避難命令などを出す基礎自治体に、河川管理の知識・経験のある者がいないことによっている。

　20世紀後半からは、人々に「環境」が意識されるようになった。河川管理においては、ダムや河口堰の建設による環境への影響を低減すること、たとえ治水の目的で行われる河川整備であっても環境に十分配慮することが求められる。河川事業の影響評価や悪影響の回避、自然に配慮した河川整備（多自然型あるいは多自然河川整備）、さらには河川の自然復元などが行われている[9]。水文環境をはじめ広い意味での環境面を重視して、治水面での河川整備を行わないこと、水害の危険性のある地域からの撤退なども考えられる。世界では、アメリカのミシシッピ川、中国の長江、ドイツのライン川上流などにその例が出現している[2,3]。

　「利水」については、すでに水資源の手当てが進んだこと、人口減少が見通せること、工業用水が減少していること、新たに水手当てを必要とする農地整備はほとんど終わっていることから、この面での要請は大幅に低下している。潜在的な渇水への対応、暫定的で不安定な水利権に基づく取水への手当てなどは必要であるが、かつての急激な水需要の増加の下での恒常的な水不足はないことから、利水は強く意識されることはなくなった。

　河川の管理では、このような「治水」、「利水」、「環境」の目的に加えて、「河川空間」の利用が考えられる必要がある。都市の面積の約1割は、公有の河川空間である[2,3]。この貴重な空間は、都市に生かされ、都市で暮らす人々にもっと

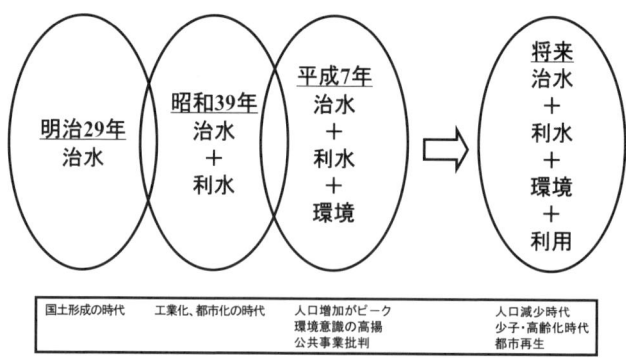

図 1-8　河川管理の目的の変遷と方向性

利用されてよい。地方においても同様である。河川法の中で「河川空間の利用」が管理の目的として位置づけられてよい。前述のように、河川法に少し遅れて行われた海岸法の改正では、「防災」、「環境」とともに「海岸の利用」が管理の目的として位置づけられている。河川についても、普通の日々の管理の目的に、「河川空間の利用」が加えられてよいであろう（**図 1-8**）。

河川法の技術的な基準として、「河川管理施設等構造令」という政令がある。現在の構造令は、もっぱら治水面の要請から規定されている。この構造令に、環境はもとより、河川空間の規定（例えば、周辺都市などの空間との連続性、リバー・ウォーク、施設のユニバーサルデザイン化など）を追加すべきであろう。

（5） 河川は誰のものか、誰が管理するのか

前述のように我が国では、明治時代に「土地は私有、水は公有」の決定がなされてからは、河川は国民共有の資産であり、その管理は国の仕事となっている。特に、洪水に対応する治水が、その管理の基本である。実際の管理は、国が直轄で行うか、法律に基づいて都道府県が法定受託事務（地方分権化以前は機関委任事務）として行うこととなっている。

欧米と比較してみると（**表 1-1**）、欧米では治水は住民の責任であり、治水を国の責務あるいは仕事としている国は、オランダなどのごく一部を除くとない。住民で組織される水管理委員会や地方自治体が、治水面での対応をしている。また、河川には公有ではない民有の河川もある。

欧米で国（連邦国家では連邦）により行われる河川の管理は、共通して舟運の管理である[2]。舟運は、自治体間（連邦国家では州間）を通じて行われ、また国際河川では近隣諸国を通じて行われることから、国の伝統的な仕事となってい

る。この仕事に、ドイツでは連邦職員が、またアメリカでは連邦の陸軍工兵隊員が、それぞれ1万人以上従事している[2),5)]。

　我が国では、河川は国民・市民の共有の資産であり、その管理を国または都道府県が行っている。管理を行う者は河川管理者と呼ばれ、国民や市民の委託を受けた国、さらにはその国から受託した都道府県が河川管理者になっている。

　河川空間の利用まで含めると、後に詳しく述べるように、基礎自治体の河川管理への関与が極めて重要であるが、これまでは、間接的であった。そして、基礎自治体には河川管理の部局がなく、さらにそれにもまして河川管理の経験と見識、意欲のある職員がほとんどいないことが問題である。基礎自治体の関与により、例えば公園と河川を一体的に整備することで、地域社会との関係も含めて、いかによい川ができるか、そして地域に生かされるかを、北海道恵庭市の例にみることができる（**写真 1-1**）。

写真 1-1　基礎自治体の関与で公園と一体化して整備がなされた河川
（北海道恵庭市の茂漁川。左：整備前、右：整備後）

1.2　近年の都市化の時代の経過

　明治以降、近年の都市化の時代を通じての河川の管理、河川空間の利用について眺める。

（1）　稲作農耕社会から都市社会へ

　江戸時代の我が国は稲作農耕社会であり、河畔や氾濫原に展開する水系社会であった。それは明治時代以降も続き、昭和30年代の高度経済成長期までは水系社会が濃厚に残っていた。そこには、河川から水を引き、氾濫原の等高線に沿った水田があり、稲作が経済の中心にあった。そして、城下町などの都市も河畔や

表 1-1 欧米の河川(水)の管理[2]

国/項目	日本	イギリス	フランス	ドイツ	アメリカ	オランダ	備考
国家の仕組み	・中央政府に多くの権限があった。地方分権化法で、権限を地方に委任、機関委任事務を廃止、自治事務化。	・イングランド、ウェールズ、スコットランド、北アイルランドがそれぞれ国としての性格を有するが、イングランド以外には立法権はない。・地方行政の仕組みを2層制(カウンティ:県、ディストリクト:市町村)と1層制(ユニタリー)へと移行中。ロンドンは1層制化したが、再びロンドン市へ。・地域レベルに複数省庁設立のGovernment Officeを設立し、縦割り組織を地域対応で一本化し、住民本位のサービスをするために4省庁の出先が一体に。・中央政府が指導的、直接的に事業を行う手段として、各種公社を設立しているが、時々の時期に再編、廃止、差し替え等を行っている。PFI、PPPが定着。	・1982年分権化法まで中央集権だったが、この十数年に突然起こったのである(以前からない)。・いずれ改革が試みられる分権の原則に従って、ほとんどすべての分野で国と地方自治体との関係は契約という概念となり、国の基本は計画法と自治体への補助金となっている。・現在、分権化で市長、市町村会が担い手となることが多く、下位の役場が分担。・分権化は強化という課題もある。・小さすぎる市町村の行政が担えないものを、上位の市、都市町村が補うという考え方で、市町村が基本的に担う。・県は州の役所でもあり、行財政面(大きなどの自治、市町村を除き)で各種の同様。	・連邦国家。連邦の責務は基本的に限定されたもののみ。・州が国家であり、立法権を有する。・地域の下に地域のもとに地域自治体を有する市町村。市町村や基礎自治体で市町村と市町村が補とから下位の自治体が補、大きな市町村のような小さな市町村。	・連邦国家、州が国家。・土地利用など、地方自治体がすべてのベース。・連邦は、外交、国防など国際通商に係る「州際通商」。・連邦の補助金で州の事業を助け、道路計画で、連邦の事業と対比して、連邦の地域計画に関与と、各の地方自治が明確になる。	・単一国家、立憲君主制。・国家成立以前より、水(堤防)組合が自治組織として活動。	ドイツとアメリカは連邦国家であり、基本的には州が国の仕事であるが、アメリカはサクソン的な連邦国家、ドイツは国が地方を克服した形の連邦国家といえる。
舟運	・川の舟運はバスなど水上バスを除くとない。	・川の舟運は国の機関(British Water Way)が管理。	・川の舟運は国の仕事(航行)、河川は国が管理。	・川の舟運は連邦の直轄管理で約1万7,000人で事業の運行可能な河川、運河。	・河川の舟運は工兵隊の直営(連邦1万3,000人で管理)。	・河川、運河の舟運は国が管理。	欧米では、舟運の管理は国(連邦)の仕事となっている。
治水	・江戸時代より藩・郡村の仕事。明治政府も土地は名前、藩から村は名前に。稲作農業で沖積平野が生活の舞台。アジアで夏季湿潤、冬乾燥。	・治水は沿川住民の責務。干拓地などでは、水組合で対応しているところ。牧畜社会であったため、土地は広大でなく、牧畜で生きる社会で住むことは少なく、温暖湿潤。	・1800年代初めより治水は沿岸住民の責任で、行政(政府)は責任を負わず、沿岸住民が対応しているもの。	・治水は沿岸住民の責務で、上位は州、市町村市町村が責務(政府でない)。連邦は治水に関しては全く関与しない。	・水害は自然災害で、治水は連邦の責務で、自治体(住民)の責務ではない、土地利用管理、氾濫原での位置づけ。	・干拓により国土を形成(Man Made Lowland)。・ライン川等の大河川の治水は国が実施。治水は国の責務で、ライン川等の水路組合が管理。水管理組合が確立。	欧米では、治水は氾濫原に住む人の問題である。治水は国の責務ではなく、住民の組織(水管理組合)のもの。のみ、州の

第1章　河川の整備と管理、利用の経過

河川	・一級河川は国の管理（指定区間は知事に委託）。 ・二級河川は法定受託事務として知事が管理。 ・準用河川は市町村長が管理。	・地方自治体が、法定受託事務を行い、国は必要に応じて指導・監督を受ける。改良工事などの事業を改良工事などの事業がほぼすべて国の補助がある（地方単独以外すべて）。	・NRA（新しくEAとなる）が、治水業務を実施。独立行政法人のような組織で、水質、環境にも関与。手沢地では、水組合が治水を行っている。	・1964年の水法以前は水法なしに、流域管理がスタート。 ・6大流域には国の代表、議員会員のほか、流域利用者からの総合的な計画（SDAGE）を策定。 ・自治体のほか、多くの国の機関が関与しているが、地方分権化の影響をあまり受けていない。	・かつてでも現在もまった州、市町村が分権しているが、州の責任である。でも、市町村に補助がある（州ごとの判断）。	・洪水保険の提供。 ・財政支援水管連邦。 ・広域コード、税制、保健コード等により、氾濫原管理の関係で土地利用は完全に市町村。	・治水に関する責任は国にあるが、施設は州と州水子報は国が実施。 ・水助も水管理組合が実施。 ・歴史的に水管組合（Water Board、全国で8,000人が公務員として）が広範囲に活動。	・基本的に地方自治体の仕事であるが、イギリスのフランスの民営化が特徴的委託（イリストラブ下水は海外でも上下水道事業を受託している。
下水道・水質	・下水道は市町村の計画、整備だが、大規模なものは都道府県。補助があるが国の補助はすべてに（地方単独以外すべて）。	・下水道は市町村の仕事だが、民営化インクラ（ウェールズ、ド）。		・流域ごとの水管理（Agency Water）で料金を徴収する。 ・下水道はすべて市町村の仕事で、補助する（州）上水と同様のコンセッション。 ・市町村が組合でとも対応する流域委員会での連絡調整もあり。	・下水道は市町村の仕事だが、補助する（州）大規模なものはある処理場に。	・下水道は市町村の仕事。	・下水道は市町村の仕事。 ・上水道は市町村の仕事、大規模な排水等は公開祭、連邦も。	・下水道と同様。
上水道	・上水道は市町村の仕事、大規模なものは都道府県。	・上水道は市町村の仕事だが、民営化インクラ（ウェールズ、ド）。		・上水道は市町村の仕事。約8割はコンセッション。リオネーズ、スエズ、ヴェオリア等による集中状態。	・上水道は市町村の仕事。	・上水道は市町村の仕事。一部民間会社も供給。	・上水道は市町村の仕事で横浜等は公営祭、水等は連邦も。	・下水道と同様。

※（中段）ヴィルヘルムシュブルグ州のライン川で治水（領）が1800年ごろからオランダのような堤防組合が治水事務もいる（これは現在も同じ）。上記のような治水地のほか、土地改良のまうな土地改良社会で広大で、混濫原を遊水地に、牧草地、冬雨地、夏乾燥、夏雨地帯。

氾濫原、氾濫原に隣接した小高い場所に発展していた。江戸時代には、物資を運ぶのも河川や運河の舟運により行われていた。物資の輸送は、その後、鉄道に、戦後は自動車により行われるようになった。

今日の都市の大半は、江戸時代に形成された城下町などから発展している。それも急激な発展であった[3),8)]。

この100年の間に、我が国の人口は約3,000万人から約4倍の1億2,700万人となった（図1-9）。増加した人口は、河川の氾濫原、その下流部である臨海部の都市に広がった（それら地域を生活の場とした）。都市化も、この人口増加に伴って急激に進んだ。

その変化は、図1-9に示したイギリスやフランスの人口増加と比較すると、急激であったことが分かる。それは人口爆発ともいえるものであった。現在、アジアやアフリカなどで生じている人口爆発に先立つものであった。それに伴う都市化の急激な進展は、さまざまな環境問題を生じさせた。河川の環境や形状、普通の日々や洪水時の水量、さらには河川・運河と都市の関係も大きく変化させた[1)～3),8)]。

このように、河川空間や河川の流況、水質や生態系の再生、さらには社会の存立基盤である自然環境（河川を含む流域圏）が崩壊していることから、その修復を行い、自然と共生する流域圏・都市への再生が、今日の河川管理においてもテーマとなっている[2),3),9)]。

（2） 都市の河川とその沿川空間の変化

都市化の進展とともに、河川・運河は汚染され、河川下流部（海に近い河川）

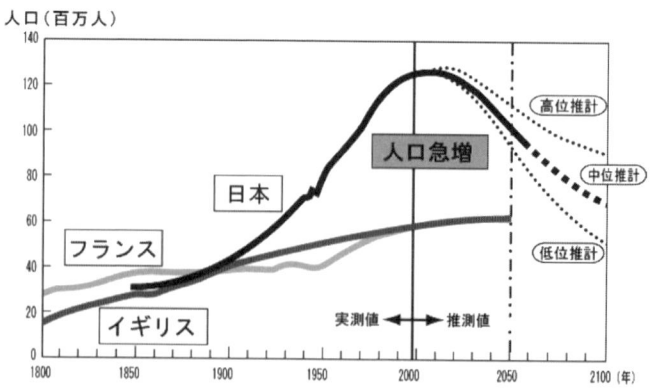

図1-9　この100年の日本の人口の増加（イギリス、フランスとの比較）[2)～4)]
〔国立社会保障・人口問題研究所「人口動態」、「マクミラン世界歴史統計」、国連「世界人口予測（1950～2050）」より作成〕

や運河、さらには水源をもたない河川の上流部などが、蓋をされて暗渠化・下水道化し、その上は道路となった。

また、前述のように戦災復興期に瓦礫処理のために埋め立てられた運河もあった。そして河川や運河は東京オリンピックの前ごろにさらに消失した。オリンピックを前に、自動車交通の増加による交通渋滞を解消するため、首都高速道路などの道路整備がなされた。暗渠化してその上が道路になった河川・運河、掘割のままでその底に道路が設けられた河川、上空に高架の高速道路が設置された河川が出現し、都心部の河川・運河が消失した。このような変化は、東京都心部や横浜、大阪都心部などで広範囲にみられる。

それとともに、川を表にしていた都市は、道路を表とする都市となり、川は都市の裏側の空間となった（**写真 1-2 ～ 1-6**）。

帝都復興計画〔1923(大正12)年〕で東京都心部に設けられた街路が都市の表となり、また、東京オリンピック〔1964(昭和39)年〕を前にして、河川や緑地を利用して建設された首都高速道路などの道路が、河川の環境を著しく損ない、かつ都市環境も損なった（六本木や赤坂見附付近など）。道路の建設により河川や都市の環境をこれほど悪化させた国は、世界中をみても類がない。日本橋川は江戸・東京の発祥の地である。その上空を占用して設けられた高架の首都高速道路はそれを象徴している（**写真 1-4 参照**）。渋谷川は道路の下に埋もれ（**写真 1-7**）、楓川は掘割の高速道路に占用され（**写真 1-6 参照**）、東京駅付近にあった外堀も埋め立てられて道路となった。そのようにして都市から河川が消失した。

河川や運河の変化は東京のみならず、大阪でも同様に生じた。大阪の中心地であった船場の東横堀川や長堀川などである（**写真 1-5、1-8**）。

写真 1-2 都市の裏側の空間となった河川①
（東京・渋谷川。川際までビルが立地。左：JR渋谷駅を通り川が暗渠から開渠に変わる地点、右：同地点から下流を望んだ風景）

写真 1-3 都市の裏側の空間となった河川②
〔東京・古川（渋谷川下流）。上空が高架の高速道路に占用されている区間の風景〕

写真 1-4 都市の裏側の空間となった河川③（東京・日本橋川）

写真 1-5 都市の裏側の空間となった河川④（大阪・東横堀川）

第1章 河川の整備と管理、利用の経過　17

写真1-6　都市の裏側の空間となった河川⑤（東京・楓川。高速道路が占用）

写真1-7　都市から消失した河川①
（東京・渋谷川。左：原宿、右：原宿から渋谷駅に向かう道路。川は道路の下に埋もれ、下水道として管理されている）

写真1-8　都市から消失した河川②
（左：大阪・長堀川。この道路は長堀川を埋めて造られている。地下には駐車場がある。右：大阪・西横堀川。西横堀川を埋め立て、その上に高架の高速道路を設け、高架下は駐車場にしている）

(3) 都市計画（構想）の中の河川空間

　帝都復興計画では、隅田川河畔に我が国最初の水辺公園である隅田公園（公園道路）が整備された（横浜港の山下公園もこの計画の下に整備されたものである）。隅田公園は、欧米で広範囲に整備されていた公園として防火も目的として整備された。帝都復興計画は実行に移された我が国最初の都市計画といえるものであり、隅田公園は、河川が都市の公園として利用された最初のものである。

　20世紀前半の都市計画として、首都圏に公園・緑地を計画した東京緑地計画〔1939（昭和14）年〕がある。そこでは、首都圏を取り巻くグリーンベルトと、都心に向けて河川とその周辺の緑をくさび状につなげることが計画された（図1-10）。石神井川は両岸の河畔に保健道路、その外に樹林帯、そしてさらにその外側に歩道を設けることが構想された（図1-11）。それは、東京緑地計画における行楽道路として位置づけられている。

　このような河畔に公園・緑地を配置し、保健道路や歩道、行楽道路を設ける構想は、その後の都市計画（戦災復興計画など）にも継承されている。

　第二次世界大戦後の戦災復興計画では、多くの都市の河畔に公園・緑地、通路（リバー・ウォーク）を配する構想があった（図1-12）。原子爆弾で徹底的に破壊

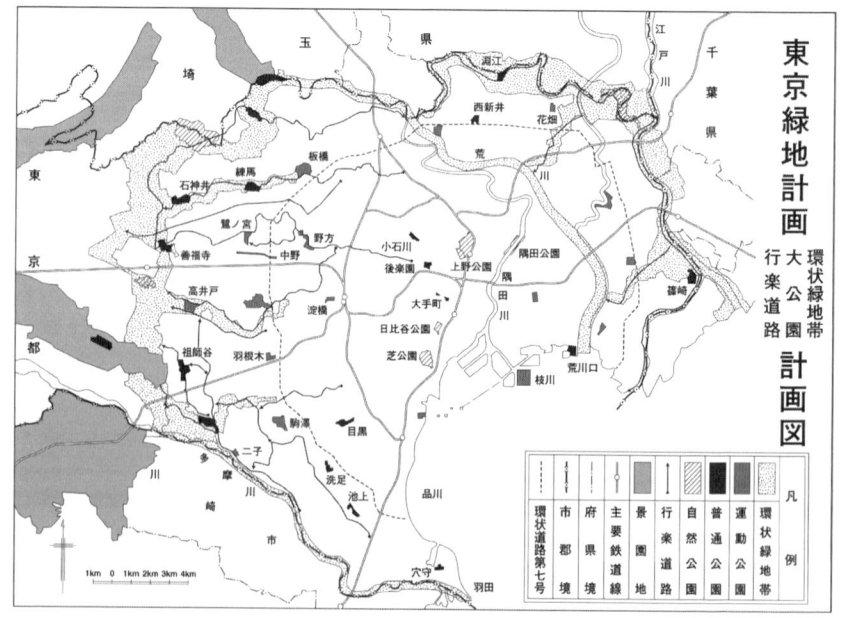

図1-10　東京緑地計画（平面図）

第1章 河川の整備と管理、利用の経過　19

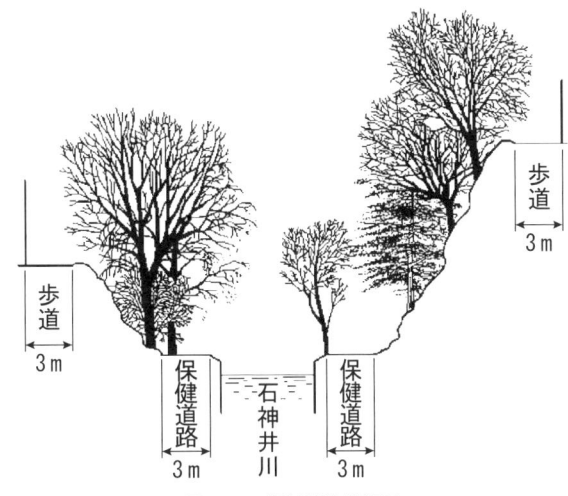

図1-11　保健道路構想図

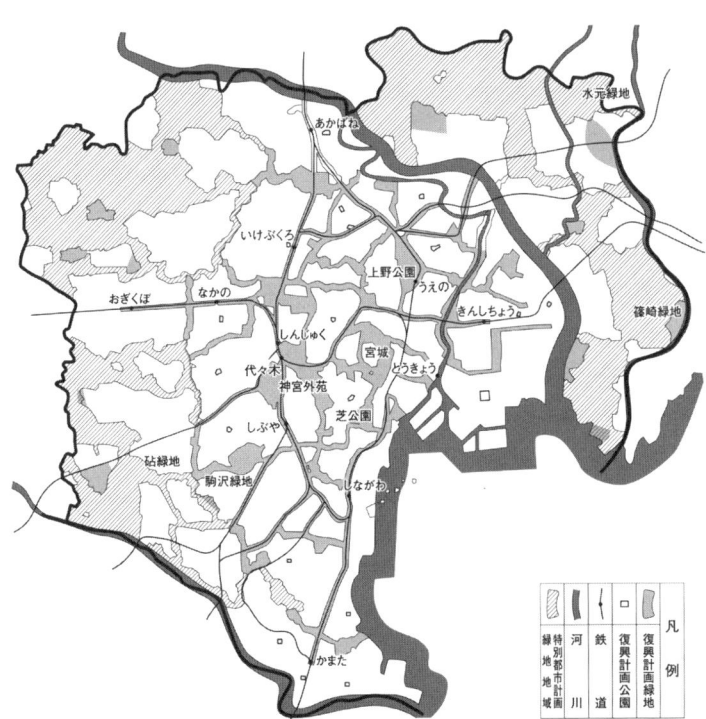

図1-12　東京の戦災復興計画図（平面図）

された広島の太田川では、広い範囲でそれが実現し、市内の河畔に緑地と歩道が整備されている。徳島の新町川でもその構想がほぼ実現し、都市に資産を残している[8]（**図 1-13**、**写真 1-9**、**1-10**）。

　東京でも同様の構想が広範囲の河川とその河畔で計画されたが、全くといってよいほど実現しなかった[3]。それは、東京都の問題であるが、占領軍（GHQ）が東京の都市復興を支援しなかったことも原因の一つと推察される。

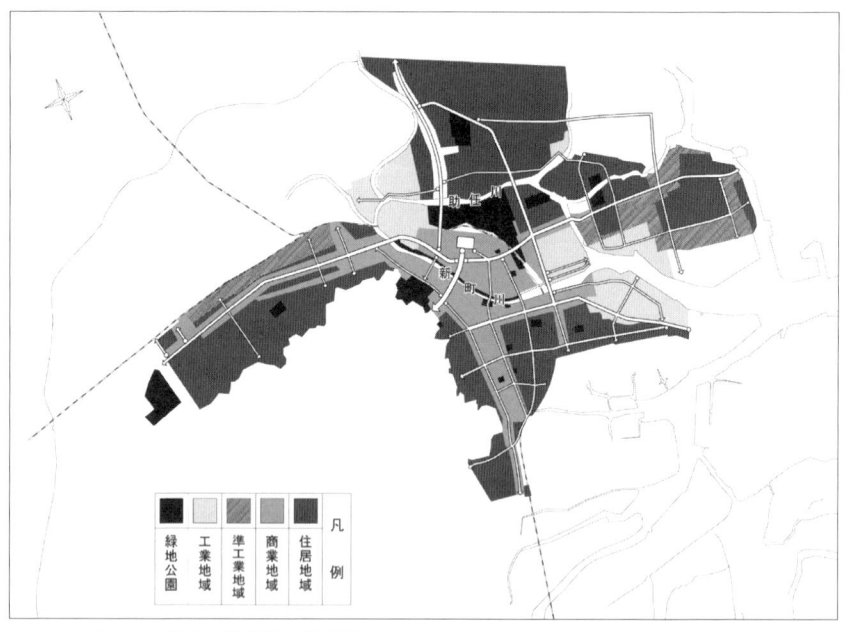

図 1-13　徳島の戦災復興計画図〔復興都市計画図（『徳島戦災復興誌』より作成）〕

写真 1-9　徳島の新町川河畔の公園①

写真 1-10　徳島の新町川河畔の公園②

（4）　東京オリンピック後の河川空間利用

　東京オリンピック後には、国民の体力増強のために河川が利用されるようになった。それまでは、河川敷地の利用は牧草地などに限られていたが、都市で不足する運動公園を河川敷地に求めるようになった（**写真 1-11、1-12**）。今日、江

写真 1-11　河川敷地の運動場利用①
（江戸川下流部の東京都葛飾区。左：平日の風景、右：休日の風景）

写真 1-12　河川敷地の運動場利用②
〔東京都の荒川下流部（荒川放水路区間）。左：常磐線鉄橋の直上流右岸側、右：その下流右岸側〕

戸川や荒川、多摩川などの下流部で、そのような占用の典型をみることができる。運動場は平日の利用が少なく、ほとんどの利用が休日に限られており、今日の河川利用として適切かどうかの議論もある。

また、都市化が急激に進むにつれて、都市で不足する公園・緑地も河川に求められ、公園・緑地としての河川敷地の占用がなされるようになった（**写真 1-13**、**図 1-14**）。

運動場と公園・緑地は、都市の大河川では典型的な河川利用となっている。

写真 1-13 河川敷地の公園利用
（栃木・鬼怒川。氏家河川公園。広大な鬼怒川の中と桜づつみを挟んだ堤内地を一体化させた公園）

（5） 河川空間利用の計画的誘導

1980年代になると、土地を担保としたいわゆるバブル経済の時代に向かうなかで、河川敷地利用への要請が高まり、その調整のルール化が必要とされる都市河川なども出てきた。また、河川管理の面で、適切な計画（方針と空間利用の計画）を示した上で、河川利用・管理の適正化とその後の利用を進めることが求められるようになった。

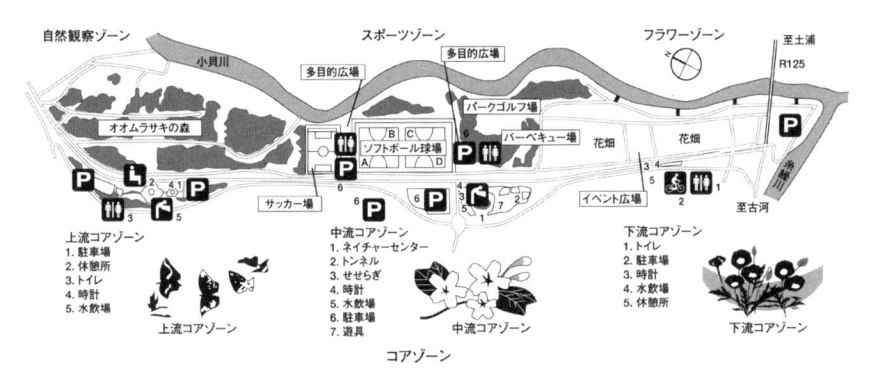

第1章 河川の整備と管理、利用の経過　23

図 1-14　河川敷地の公園利用
〔茨城・小貝川。下妻河川公園。小貝川が広い河川空間を有する場所で、川の中と外（堤内地）とを一体化させた公園。川畔にあった道路を付け替えて盛土し、その上に河畔の拠点施設と駐車場を整備している。川の中にはフラワーベルトの花畑（図右）、運動公園、オオムラサキの公園（図左）がある。中央には拠点施設であるネイチャーセンターがある〕

　その計画として、河川の空間管理（自然地としての保全区域、利用区域、それらの複合区域といったゾーニング）にかかわる河川環境管理基本計画の策定が進められ、計画に基づく河川空間の利用と管理がなされるようになった。この河川環境管理基本計画（空間管理計画）は、ほぼすべての一級河川の国の直轄区間で定められている。
　河川占用は、それまでの河川占用許可準則による全国一律の一般基準で判断されるものから、計画に基づく判断で進めることを意図して、河川管理の観点からもこの計画の策定を推進した（**図 1-15**）。河川環境管理基本計画という名称から、河川環境の管理の計画とみられがちであるが、河川管理の観点からも重要な計画である。

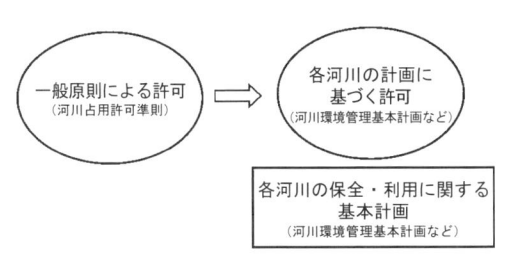

図 1-15　占用許可準則の一般的基準から計画（河川環境管理基本計画など）に基づく占用許可へ

（6）喪失した河川空間の再生

　我が国では、まだ数は少ないが、都市の河川の保全・再生が進められるようになってきた。その最も初期の例として、東京都江戸川区の境川・小松川のせせらぎ緑道〔河川（水路）は暗渠化し、その上にせせらぎ水路と歩道、樹木を配置〕がある（**写真 1-14**）。また、岡山では西川の河畔に樹木を配し、歩道も配置して西川緑道として再生している（**写真 1-15**）。そして、近年では、東京都世田谷区に、下水処理水を利用してせせらぎ水路を設けた北沢川緑道がある（**写真 1-16**）。

　その後、都市の軸となる河川でも、河川を再生し、川からの都市再生を進めた事例もみられるようになった。我が国では、東京の隅田川、北九州の紫川、徳島の新町川などがある。海外では、韓国・ソウルの清渓川の再生〔高架道路、平面道路の撤去（道路は再建せず）、暗渠化されていた川の再生〕（**写真 1-17**）、中国・北京の転河の再生（**写真 1-18**）、ドイツのケルン、デュッセルドルフのライン川河畔の高速道路撤去（地下化。**写真 1-19、1-20**）、河畔と都市の再生といった大

写真 1-14　東京・江戸川区の境川・小松川のせせらぎ緑道
（元の水路は地下に埋められているが、その上にせせらぎ水路を置き、通路を設け、緑の樹木を配置している）

写真 1-15　岡山の西川緑道
（都市内で農業用水路を再生し、樹木を配置し、ところどころにベンチやあずまや、小公園を配置している）

写真 1-16　東京・世田谷区の北沢川緑道
(元の河川は地下に埋められているが、その上にせせらぎ水路を置き、通路を設け、樹木を配置している)

写真 1-17　地下の暗渠となっていた川を、道路を撤去して再生した韓国・ソウルの清渓川
〔左：再生前(清渓川は平面道路、高架道路の下に埋められていた。交通量は日量16万台)、右：再生後(道路を撤去し、川を再生。高架道路のピアが3本残されている)〕

写真 1-18　埋め立てられて道路となっていた川を再生した中国・北京の転河
〔左：再生前(水路は埋められ、その上は道路となっていた)、右：再生後(水路を再生し、河畔には船着き場、通路、そして樹木などを配置している。そして河畔の土地の再開発を大規模に行っている)〕

写真 1-19 河畔の高速道路を撤去してライン川の水辺を都市に開放したドイツ・ケルン
〔左：道路は地下に（河畔にあった道路を撤去して地下に移設し、上部は水辺公園に）、右：開放された水辺空間（河畔にリバー・ウォークを設け、その内側には樹木と芝生の水辺公園を設けている）〕

写真 1-20 河畔の高速道路を撤去してライン川の水辺を都市に開放したドイツ・デュッセルドルフ
〔左：道路は地下に（写真の左の部分。河畔にあった高速道路を撤去して地下に移設し、上部は河畔公園に）、右：開放された水辺空間（水際には一段低く広いリバー・ウォークを、その内側には樹木および広場とリバー・ウォークを設けている。そして、それにつながるまち並みも再生している）〕

規模な事例が出現している。ボストンの高架の高速道路撤去は、都心とボストン港（港と呼ばれているが、チャールズ川の河口部である）の水辺との間の障害物を取り除くことも目的であった。[2),3),8)]。

（7） 都市の中の河川空間の利用（川の必須の装置：リバー・ウォーク）

都市河川を利用するには、川の中や河畔の歩道（リバー・ウォーク）が河川の必須の装置であるといえる[3),8),9)]。

これまでは、河川管理上、洪水への対応を主眼に河川管理用通路が、計画洪水位に余裕高を加えた高さに（すなわち、堤防天端または掘込み河川の河岸に）設けられることとなっている。そのような通路に加えて、普段の日々に河川を利用

するための「川の中の通路」も設けられてよいであろう。

そのような川の中の通路は、我が国でも神戸の都賀川、生田川、新湊川などでみられる（**写真 1-21、1-22**）。一方、東京首都圏の都市河川（神田川、渋谷川、呑川など）では、全くといってよいほど川の中は利用されていない（**写真 1-23、1-24**）。

東京を含む都市で、川の必須の装置としてのリバー・ウォークを設け、見捨てられた空間となっている河川の再生、利用が進められてよいであろう。

なお、残念なことだが、2008年に神戸の都賀川で、洪水により多数の人命が失われた。河川敷地の利用において、洪水は避けられない自然現象である。都賀川は六甲山の扇状地にあり洪水は急激に流れ出ることは分かっていたことである。利用にあたって、そのことに注意を払う必要があった。東京では、丘陵地を流れる川が多く、洪水流出は扇状地の川よりは緩やかである。洪水時への配慮は

写真 1-21　都市河川の中のリバー・ウォーク①
〔左：神戸・都賀川（川の中にリバー・ウォークと河川プールが設けられ、子どもが水遊びをしている）、右：神戸・住吉川（川の中にリバー・ウォークが設けられ、人が歩き、また水辺に佇んでいる）〕

写真 1-22　都市河川の中のリバー・ウォーク②
〔神戸：新湊川（大変深い川であるが、川の中にリバー・ウォークが設けられ、そこに下りる階段も設置されている。子どもが川の中で遊んでいる。この河川は、阪神・淡路大震災後に震災復興で整備された）〕

写真 1-23 リバー・ウォークのない都市河川①（左：東京・神田川、右：東京・呑川）

写真 1-24 リバー・ウォークのない都市河川②（東京・渋谷川）

当然必要であるが、それを前提に、普通の日々の河川敷地の利用は、より積極的に進められてよいであろう。それにより、都市の中で河川空間が生かされ、河川の再生、川からの都市再生が進むであろう。

（8） 河川の治水整備と洪水対応（特異な日の管理、そのための管理）

　戦後の河川管理は、洪水氾濫（水害）が実際に生じた後に、その洪水に対応するための災害復旧・改良を行うという、事後的な治水整備が主であったが、5か年計画に基づく計画的整備もなされてきた（図 1-16、1-17）。これは、高度経済成長とともに国力が充実し、道路などの社会資本整備と同様に整備が進められたことによる。いわば「国土建設」の時代が続いた。この時代は、それ以前の管理が主であった時代と比較すると、特異な時代であったといえる。それはまた、これからの国土マネジメント、管理の時代とは特徴を異にするものであった。

　河川整備では、長期的な計画（かつての工事実施基本計画。現在の河川整備基本方針）を持ちつつも、具体的な整備は戦後最大規模の洪水（30〜40年に1回程度発生する洪水。当面の整備目標）を対象として行われてきた。

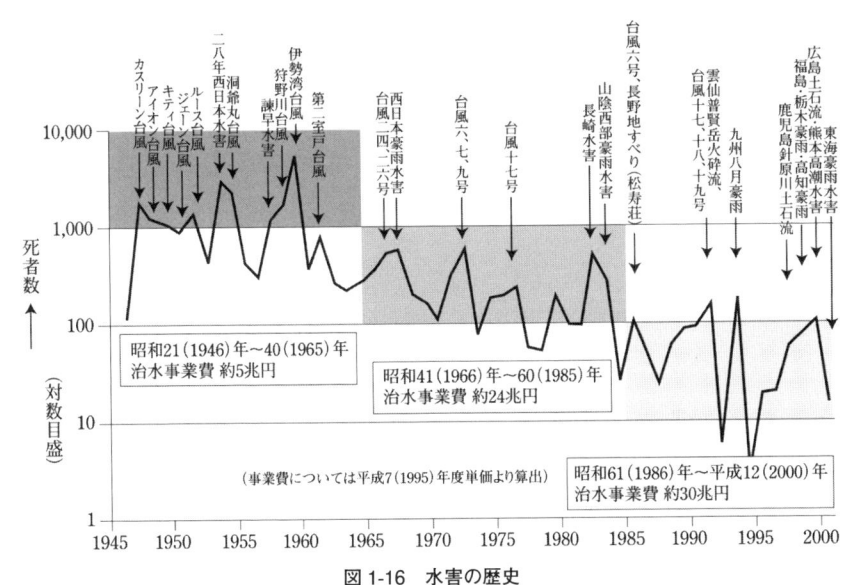

図 1-16 水害の歴史
（第二次世界大戦後の主要な風水害、死者数、治水事業費。国土交通省資料より作成）

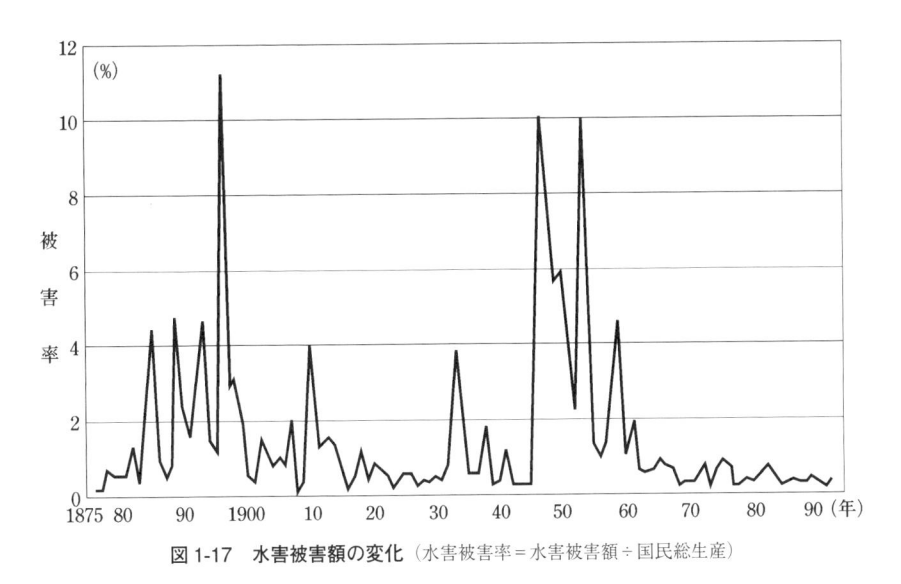

図中の主な水害：カスリーン台風、アイオン台風、キティ台風、ジェーン台風、ルース台風、二八年西日本水害、洞爺丸台風、狩野川台風、諫早水害、伊勢湾台風、第二室戸台風、西日本豪雨二四・二六号、台風六、七、九号、台風十七号、山陰西部豪雨水害、長崎水害、台風六号・長野地すべり（松寿荘）、雲仙普賢岳火砕流、台風十七、十八、十九号、九州八月豪雨、広島土石流、福島・栃木豪雨、熊本高潮水害、高知水害、鹿児島針原川土石流、東海豪雨水害

昭和21(1946)年～40(1965)年 治水事業費 約5兆円
昭和41(1966)年～60(1985)年 治水事業費 約24兆円
昭和61(1986)年～平成12(2000)年 治水事業費 約30兆円
（事業費については平成7(1995)年度単価より算出）

図 1-17 水害被害額の変化（水害被害率＝水害被害額÷国民総生産）

　その整備の水準は、当面の整備目標とする洪水に対して大河川で7割程度とされている。

　昭和40年代後半から50年代には、神田川、平作川、谷田川（大東）、多摩川、

長良川などの水害による被災者が国を相手に水害裁判を提訴した。それらの裁判では、氾濫の理由の多くは河川整備の遅れとされた[2]。このことからも、河川の整備水準が高くなかったことが分かる。

　我が国の治水整備の水準は、諸外国（アメリカ、フランス、イギリス、オランダ、ハンガリー、中国）と比較して、決して高い水準にはない。後述のように、例えばオランダの河川堤防などは1,250～10,000年に1回発生する洪水に対して整備がほぼ完了している[1]～[4]。

　とはいいつつも、戦後の大洪水を経験して、昭和30～40年代に堤防が整備されたことより、大河川の氾濫頻度は大幅に低下し、大河川の水害が潜在化した。すなわち、氾濫の頻度は低下したが、現在の河川の洪水流下能力を超える洪水で堤防が決壊すると、河川の氾濫区域は都市化などで洪水被害のポテンシャルが増大していることから、その被害は甚大なものとなる場合があると予測される（**写真 1-25、1-26**）。大河川ではそのような甚大な被害を軽減・防止するために堤防越水などによっても決壊しない高規格堤防（幅の広い土の堤防。スーパー堤防ともいう）が計画されている河川もあるが、その整備は堤防全体からみると点でしかない状況にある。今後の財政制約などを考慮すると、その完成には極めて長い時間（これまでの投資水準が維持でき、整備が進むとした場合でも数百年）が必要であり、完成のめどがつかない。

　このため、河川堤防の整備と管理を、河川堤防システムとしてとらえ、かつ堤防決壊による被害（氾濫原の人口・資産など）を考慮して、堤防の設計水位や堤防の形態を変えるなど、河川区間に応じて計画し、段階的に堤防を整備したり、管理のあり方を再検討する必要がある。このように、守るべき人口・資産などに応じて堤防の整備と管理のレベルを設定することは、堤防で国土を守っているオランダをはじめ、中国、ハンガリーでは行われていることである。

写真 1-25　大河川の堤防①：埼玉・利根川
(左右の写真の左側が川の中で、水面が少し見える)

写真 1-26　大河川の堤防②：東京・荒川

　都市河川の整備は、昭和 30 年代後半から、都市化の進展とともに発生した水害に対応するために進められるようになった。我が国の人口の急増と都市への集中により都市化のスピードが速かったことから、河川整備はいつも後追い的（水害が発生した後の整備）であった。東京などの都市において、整備のための用地確保ができない河川では、地下に放水路を建設して洪水の一部を処理することを始めている（図 1-18）。

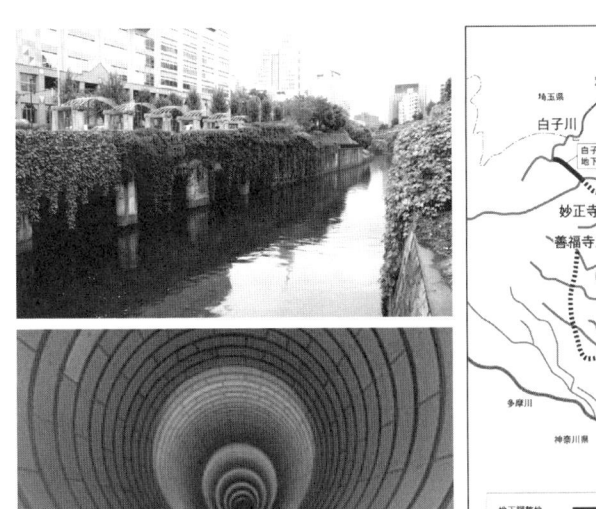

図 1-18　東京の河川整備
（地下にも水路を設けて洪水を処理している。写真上は道路の下に設けられた分水路の出口の写真。写真下は道路の下に設けられた地下調節池内の写真で、右の図に示すように、この地下調節池は、将来は東京湾にまで至る地下放水路とし、白子川、石神井川、神田川、目黒川上流の洪水を東京湾に排水することが計画されている）

（9） 時間概念を導入した河川整備、河川の実管理

　戦後の河川整備の計画では、その達成の時間的な検討が全くといってよいほどなされていない（明治後期以降、戦前までの河川整備の計画は、ある程度の期間において達成される、あるいは達成を目指したものであった）。特に、1964(昭和39)年の河川法改正以降の河川整備の長期計画（工事実施基本計画）は、その達成には数十年から100年以上もかかると想定される。昭和50年代の水害訴訟では、河川の当面の整備目標である戦後最大規模の洪水（30～40年に1回程度発生する洪水）に対する整備でも、財政的制約から、50年以上が必要で、長期目標の達成にはさらに長期間が必要であることが述べられている。これからは少子・高齢化社会を迎え、ますます公共事業への投資が制約されるため、さらに長期間が必要となるであろう。

　したがって、河川の実管理、あるいは河川整備による安全度の向上には、現状の河川の能力を評価し、その現実に基づいた管理と現状の安全度を段階的に向上させる整備が必要である。例えば、大河川で効果が期待されている高規格堤防（スーパー堤防）は、一連の区間がいつ完成するかという時間概念を持って、その現実の効果を評価し、整備を進めることが必要である。

　オランダやハンガリー、中国などでは計画の河川整備がほぼ完了しているので、計画と実管理が対応しているが、日本では計画と実管理には大きな乖離があり、現実の河川の能力の評価（洪水の規模と水位、計画洪水水位、堤防高の関係の評価など[4]）とそれに基づく実管理が必要である。この観点から、通常の堤防の計画と現実の安全度の設定（高さ、天端幅、のり勾配など）や、スーパー堤防の整備についての検討（いつ一連の区間が完成するか、盛土の高さを堤防天端ではなく計画洪水水位とするなど）などがなされる必要があるであろう。

(10) 洪水時の対応、対応準備

　水害の防御や軽減では、事前の河川整備と洪水時の水防活動が両輪となる。しかし水防体制は、水防への地域の意識の風化と水防団員の減少・高齢化もあって、貧弱な状況にある。例えば、中国では、すべての国民とあらゆる組織には水防に従事する責務があり、必要な場合には軍も投入される。そのような水防体制と比較すると、我が国の水防体制は、極めて貧弱といえる。水防体制は、水防活動に従事する人の減少や水防団員（そのほとんどが消防団員）の高齢化により弱体化し続けている。

　河川整備の水準、水防体制の貧弱さなどから水害の危険が常にあり、水害時の浸水水深や避難場所などの情報の提供が行われるようになっている。過去の水害

情報の提供から始まり、近年では水害予測を行っている。浸水実績図、浸水予想図の公表、そして基礎自治体による水害ハザードマップと呼ばれる、洪水による浸水区域、浸水深、避難地、避難経路などを示した地図も作成・公表されつつある。

　また、気象予報で洪水の予報や注意報を伝達するとともに、基礎自治体による避難の警報、指示、命令も行われている。基礎自治体の避難指示や命令は、極めて大まかであり、かつ行政にとって安全側で行われ、適切とはいえないものも多い。この背景には、前述のように基礎自治体の職員、首長の水害に対する知識・経験の不足がある。例えば、現在の家屋・建築物は2階建て以上のものも多く、それらの家屋・建築物は避難場所となり得るものであり、必ずしもハザードマップなどで示される避難場所に、浸水時に危険を冒して避難する必要はない。

(11)　水害裁判で確認された治水面での河川管理のルール

　河川の管理上重要で、国側が敗訴した水害訴訟として以下のようなものがある。

　下流に未改修の部分を残したまま上流を改修し、未改修の部分で氾濫し、河川管理の瑕疵（かし）が認定された油山川水害訴訟（大阪の寝屋川の支流の大東水害訴訟でも同様の議論がなされたが、そこでは瑕疵は認定されなかった）がある。この裁判の判決を受けて、河川改修は下流から上流へと行う、下流の流下能力の範囲内で上流の河川改修を行うという河川整備における原則が再確認された。

　新しい堤防を引堤して旧堤防の堤内地側（人の住む側）に設ける工事において、旧堤防の土砂を取って新堤防を盛土しており、堤防の切り欠けた部分から氾濫した菱刈川水害訴訟では、河川工事の進め方に瑕疵があったと認定された。この水害裁判後、旧堤防をそのままにして新堤防を建設し、新堤防完成後も旧堤防は数年間存置しておくことが再確認された。

　洪水により欠損し災害復旧で原型復旧した護岸が、計画洪水を超える規模の洪水で再び欠損し家屋が被害を受けた安曇川水害訴訟では、先の洪水での損傷後、原型復旧ではなく、より改良して復旧すべきであったとして、管理の瑕疵が認定された。

　これら三つの水害裁判では、敗訴した国と県は控訴しなかった（すなわち、もっともなこととして認め、河川管理に生かすとしてそれを受け入れた）。これらの水害訴訟の判決は河川管理を裁いたものであり、定性的な理由〔つまり水害に対する状況を定性的に悪化させるもの、過去の災害で起こったこと（護岸の被災）から学ぶこと〕での認定であるが、裁判という公開の場で河川管理のあり方が示されたといえる。

　多摩川の水害訴訟（堰の周りの構造、河床の低下が引き起こす問題）、長良川

の水害訴訟（堤防の堤内地側の形状、漏水破堤など）でも河川管理のあり方、技術的なことが裁かれた。その結果得られた知見は、河川管理に生かされるべきものである[2]。河床が低下した河川では、固定堰の取り付け護岸などに作用する外力が増大すること、そのために取り付け護岸などの補強または固定堰から可動堰への改築が求められる。また、堤防に関しては、堤防の堤内地側に池があるなど漏水に対する危険性が高い場合、あるいはそれに類する地形である場合には堤防の補強が求められることである。これらの洪水で堤防が決壊して氾濫した水害裁判をみると、その兆候が事前に現れていることが知られる[2,4]。多摩川の宿河原堰（**写真 1-27**）では、以前にも洪水でしばしば決壊に至るような護岸の損傷があったが、原型復旧のみで補強していない。長良川の墨俣、安八地区（**写真 1-28**）では、池が堤防の堤内地側に接しており、地形的に堤防の弱点となっていたが、それを補強していない。このような、事前の兆候に注意して堤防を管理することが、洪水という特異な日の河川管理において重要である。

写真 1-27　多摩川の堤防決壊〔1974〈昭和49〉年〕

写真 1-28　長良川の堤防決壊〔1976〈昭和51〉年〕

(12)　河川整備の変化：多自然型川づくりから多自然川づくり、さらには都市・地域の空間としての河川整備へ

　河川整備は、長い間、洪水を防御し、氾濫を軽減するという治水のみを目的とし進められてきた。河川整備で自然に配慮することが強く求められるようになったのは、1980年代後半以降のことである。それまでは、河川とその周辺には多くの自然があったこともあって、とりわけ自然に配慮することはなかった。

治水のみを河川管理の目的とした時代には、水害裁判の判決も考慮して、河川整備の上下流バランスの確保（上流の洪水流下能力は、下流区間の能力以下にすること）、左右岸のバランスの考慮、河川堤防の新設における旧堤防の一定期間の存置、といったことが行われた。自然に対する配慮は、1990年代以前はほとんど意識されることはなかった。それは、行政担当者のみならず、地域からもそのような要請はなく、河川の治水整備の進捗が求められていたからである。

　1990年代になると、長良川河口堰やダム建設をめぐる環境面からの問題提起、計画されてから長年が過ぎた公共事業に対する問題提起がなされ、激しい公共事業批判がなされるようになった。このような時代にあって、河川は生物の生息・生育空間であるとし、河川整備にあたっては近自然河川工法の導入、多自然型川づくりが行われ始められた（**写真1-29～1-31**）。この多自然型川づくりの方向づけには、故関正和さん（河川技術者）の貢献があった[9]。多自然型川づくりは約15年の経験を踏まえて、多自然川づくりと名称を変更し、自然を考慮した河川整備が進められている。

　今後の河川整備を展望すると、治水と環境に加えて、河川を都市の空間として位置づけた整備が必要といえる。従来の河川管理では、その認識が薄く、経験もほとんどない。都市計画・地域計画、都市整備・地域整備と連携した河川整備・管理の知識と熱意が必要である。そこでは、河川の再生、川の必須の装置としてのリバー・ウォークの整備、そして川からの都市再生、地域再生への配慮が必要である[3,9]。

　我が国では、これまで河川の整備と管理は都市計画から切り離されて、都市計画の外にあった。河川を含めて都市を計画、整備する行政担当者や学識者はほとんどいない。一方、河川管理に従事する行政担当者、関係する学識者は河川につ

写真1-29　多自然型川づくり①
（横浜のいたち川。治水整備後に逆台形の単調な河川となったが、その後、川底を少し掘り下げ、その土砂を両側の川岸に寄せて置いた。そこに植生が侵入し、自然が侵入した状態の川となった）

写真 1-30　多自然型川づくり②
(北海道恵庭の茂漁川。川を公園と一体化させて幅の広い、自然豊かな川に再整備し、そこに自然が復元した川となった。左：上流側から，右：下流側から)

写真 1-31　多自然型川づくり③
(岩手県軽米の雪谷川。災害復旧改良の改修で自然に配慮した川として再整備を行っている。左：元の低水路を参考にした水路に、右：瀬と淵ができるように配慮)

いてのみを考慮し、都市計画の知識や経験が皆無に近い。河川の計画でも、都市は計画の外にあった。これらを融合させて取り扱うことが必要であり、それを実行できる行政担当者、学識者が求められる[3]。

1.3　これからの展望

　河川空間利用と河川管理についての展望を述べておきたい。その詳細は次章以降で述べるが、その要点を列挙すると以下のとおりである。

(1)　河川利用の展望
　河川利用については、河川空間（公有地＝国有地）の自由使用の原則はそのままでよいであろう。

それに加えて、河川空間を占用する場合には、これまでの都市で不足する運動場や公園・緑地としての利用のみではなく、福祉や医療、教育面での利用なども考えられてよい。また、河川を都市の空間の一部としてとらえ、都市再生に河川空間を生かすことが行われてよいであろう。

そのような新しい利用に関して、その形態や配慮事項等は以下のとおりである。

① 河川の一時的な利用、イベント的な利用から、日常的利用、常設利用への展開（**表 1-2**）。
② 従来の運動場や公園・緑地としての利用などに加えて、河川空間の健康・福祉・医療面での利用、教育面での利用、さらには健康・福祉・医療と教育を融合させた利用などへの展開が考えられてよい。一部そのような利用事例も出現しており（**表 1-2**）、そのさらなる進展が望まれる。

表 1-2 健康・福祉・医療および教育、および河川からの都市再生に係る河川利用の代表的な事例

河川・都市	健康・福祉・医療	教育	都市再生（形成）	備考（特徴など）
北海道・恵庭市：茂漁川、漁川	○	◎		多自然型川づくり、川塾（教育）、川と福祉
秋田県・本荘市（本荘第一病院）：子吉川	◎	△		川と医療 川の常設利用（河畔病院）
栃木県・真岡市（自然教育センター・老人研修センター）：鬼怒川河畔	○	◎		川と教育、川と福祉 川の日常的、常設利用
茨城県・取手市（川の三次元プロジェクト）：小貝川	○	◎	○	川と教育、福祉 川の日常的、常設利用 都市計画での川の利用
東京都・埼玉県：荒川下流	◎			川と福祉
島根県・雲南市（ケアポートよしだ）：深野川（斐伊川支流）	◎	○	◎	川と福祉 川の常設利用（福祉施設）
徳島市：新町川	○		◎	川からの都市再生 川と福祉

注）◎：大いに関係、○：関係が深い、△：少し関係

③ 河川の教育面での利用事例も出現している。水辺体験を支援する活動（川に学ぶ体験活動協議会）も始められており、そのさらなる展開が望まれる。
④ 健康・福祉・医療と教育を融合させた事例も出現（**表 1-2** 参照）している。そのような複合的な利用の進展も望まれる。

⑤　都市の河川、さらには地方の川においても、利用施設、利用にかかわる通路・坂路（スロープ）などのユニバーサルデザインを常識とする時代である[10]。ただし河川空間全体をみると、それは一部分の空間のことであり、河川全体は、相変わらず危険を内包した自然空間であることには変わりがない。

⑥　都市の空間としての河川整備、川からの都市再生が進められてよい。これは、これからの河川利用の重要な課題である[3,8,9]。地方分権化の時代にあって、これまで河川管理の権限がなく、経験もない基礎自治体の行政担当者や首長に、この面での意識とスキルが求められる。

（2）　治水管理の展望

治水管理の展望としては、以下のとおりである。なお、従来は、河川管理は国と都道府県が行ってきたが、都道府県はいくつかの許認可や河川整備の補助金の受領において国の指導を受けてきた。地方分権化が進むと、河川管理の面での都道府県の役割が増し、その知識や経験が必要となる。

①　河川整備は河川管理の手段である。これからは、財政的制約などもあって河川整備から管理の時代となる。

②　現状の河川の治水能力に応じた洪水対応、洪水管理が必要となる。長期の計画を掲げて河川整備を行うとすることで河川の管理をする時代ではない。

③　洪水時の水防体制は重要であるが、我が国の水防体制は弱体化しており、その限界を認識する必要がある。

④　潜在的な水害の危険性を周知（浸水予想、基礎自治体のハザードマップなど）し、災害後の復旧改良をベースに河川管理を進める時代となる。

⑤　洪水危険地域からの撤退、あるいは水害を前提とした土地利用への誘導が洪水にかかわる河川管理の代替案となる時代となる。アメリカの1993年のミシシッピ川の水害後の対応（一部の氾濫原からの撤退）、中国の1997年の長江などでの水害後の対応（「退田還湖」政策など。遊水地や河川敷から農地を撤退させ、洪水の調節に使えるようにする政策など）などを参照するとよい。

⑥　河川堤防で国土の主要な部分を防御しているにもかかわらず、我が国では堤防に関する研究や教育がほとんどなされてこなかった。今後は河川堤防学の調査・研究の実施、経験の蓄積、その教育が重要となる。これについては、拙著『河川堤防学』[4]を参照されたい。

⑦　既往の堤防決壊事例では、事前にその兆候が表れている場合、あるいは事前に決壊の危険性を知ることができる場合も多い[4]。そのような場所の補強

を事前に実施することが重要である（あるいは、決壊の可能性のある場所を特定しておき、水防や避難を重点的に行うことも管理の方法としてはあり得る）。

⑧ 河川堤防の整備に関しては、これまでのように、河川ごとに同じ安全度（一定頻度で生じる確率降雨）の水位に対して、一定の形状の堤防を整備するのではなく、オランダや中国、ハンガリーなどで行われているように、守るべき氾濫原の資産・人口などの重要性に応じて、その氾濫域を抱える河川区間で安全度に差をつけること。すなわち計画や管理で対象とする計画洪水水位、堤防の余裕高、天端幅、のり勾配に差を設けることを考慮すべきであろう（表1-3）。

　オランダでは、ライン川には1,250年に1回の洪水、海からの氾濫に対しては10,000年に1回の洪水、それらが複合する場所には2,000年〜4,000年に1回の洪水を対象として堤防を整備している。中国では、同一河川でも、氾濫原の資産・人口などの重要性に応じて、1級（100年に1回以上の洪水を対象）から5級に分けた安全性を設定した堤防を整備している。ハンガリーでは、河川堤防の安全性は基本的には100年に1回の洪水を対象としているが、ブダペストなど三つの都市を抱える河川区間では、1,000年に1回の洪水を対象としている。これらの国々では、その整備がほぼ完成し、管理を行っている。

　このように、河川の氾濫区域の重要性に応じて堤防を整備することは、計画やその時点での河川の実力以上の超過洪水に対して、洪水時の危険の特定と対応を可能とし、かつ被害を軽減することに資するであろう。

⑨　大都市を守るために大河川に整備されるスーパー堤防は、計画洪水位（H.W.L）の高さにするべきである。それは現在の計画では、スーパー堤防の完成に長い時間がかかるためである。利根川を例にとると、これまでの整備のスピードでは数百年かかると推定される。これからの少子・高齢化時代の財政制約下では、さらに長い年月がかかるであろう。ただし、大災害が発生した場合は、その氾濫原を抱える一連の堤防区間では、復旧改良事業として比較的短時間で整備が進むことが予想される。

　部分的に整備されたスーパー堤防が、その地点以外の安全度にも寄与する必要がある。つまり、計画洪水位以上の洪水によりスーパー堤防整備地点で氾濫しても、堤防が決壊しないのでその被害は大幅に軽減され、かつその上下流の水位が低下して氾濫の危険性が大幅に軽減される。すなわち、一部区間のスーパー堤防の整備が、その上下流の安全性の向上に資する。スーパー

表 1-3　大河川の堤防による防御の計画レベルと堤防整備

	日本	中国	オランダ	ハンガリー	米国	備考
計画レベル ＝計画水位 防の形状	・一つの川でも守るべき河川の泛濫原の規模、人口・資産等により変わらない(河川区間の泛濫原の人口・資産により変わらない)。 ～ 1/200	・一つの河川でも守るべき人口・資産等に応じて変えている。 1級 ≧ 1/100 2級 ≧ 1/100, ≧ 1/50 3級 ≧ 1/50, ≧ 1/30 4級 ≧ 1/30, ≧ 1/20 5級 ≧ 1/20, ≧ 1/10	・外力の厳しさに応じて安全度を変化させている。 ・ライン川の真水の泛濫 1/1,250 ・真水と海水の泛濫が混合する区間 1/2,000～1/4,000 ・海水の泛濫 1/10,000	・原則 1/100 で、ダニューブ川のブダペスト等の3都市区間では 1/1,000	・ミシシッピなど代表的な主要河川の連邦堤防では、都市域はベースの 1/500 相当規模、降雨・洪水ベースの 1/500 相当規模。山付け堤防で囲まれた農地部は非泛濫原管理での最低基準(ただし、堤防の規模については、地先自治体などの判断が優先されるので、都市域でも 1/200 のケースもあり)。	・日本以外は、同一河川で泛濫域の人口・資産あるいは外力の違いにより安全度(＝計画洪水位)を変えている。
堤防の高さ＝ 余裕高＋最低限 余裕高の基準	計画洪水流量に応じて変化。 200m³/s 以下 0.6m, 10,000 m³/s 以上 2m	余裕高 $Y = R + e + A$ R：波の影響分 e：風の影響分 A：安全のための高上高 A の値 1級 1.0m(+0.5m 以下) 2級 0.8m (0.4m) 3級 0.7m (0.4m) 4級 0.6m (0.3m) 5級 0.5m (0.3m)	・場所によって異なる。波の遡上、越水を考慮した高さ。 河川では平均 0.5m ・西部の海岸近くでは風と波の影響を考慮してより高い。	1.0m	・従来、連邦陸軍工兵隊では、計画洪水位に対して最小 3 フィート (≒0.9m) の余裕高。局所流や特殊構造物周辺ではさらに余裕高を高くする。 2000年4月の工兵隊の堤防設計では、施工エラーや、従来の不確定要素のバッファーとしての余裕高の概念は廃止。波浪などを解析して必要な余裕高を決めている(既存堤防高との関連、本規定の適用実態などは未調査)。	
堤防の厚さ＝1 天端幅(最低限の基準)	・計画流量規模に応じて変化。 500 m³/s 未満 3m 流量増加に応じて増加。 10,000m³/s 以上 7～8m	・一般的には下記のとおり。 堤防高 6m 以下：3m 堤防高 6～10m：4m 堤防高 10m 以上：5m 主要河川ではさらに幅を広く取る。 長江：8～12m	・最低 3m (点検、維持管理、出水時のアクセスを考慮した天端幅。公道を天端に設ける場合はその道の幅を規定(一般的には 4m))。	・最低限 4m。 場所により 5m の場合も。 6m は限られた場所のみ。	・最低 10～12 フィート (≒3.05～3.66m)。道路利用と緊急対応で幅を広くするという判断あり。	

第1章 河川の整備と管理、利用の経過

堤防の厚さ≥2／のり勾配（最低減）の基準	黄河（一般部）：7～10m 同（緊急部）：9～12m（部分的にはシルト推砂への補強で50m、一部では100mのところもある）。	1:2 ・安全係数～1.3 ・黄河では補強の結果として1:6のところもある。	1:3 ・1:3あるいはそれより緩く、バイピングとヒービング（フライ、レイヤー、ショッピング、セルメイヤーの方法、安定（ビショップの方法）、すべり円の方法）、おおびび浸食に対して十分な幅	1:3 ・高い堤防などは、堤防の安定性評価から定める、安定性評価の目安ののり勾配は、施工上、メンテナンスは1:2以上、浸透対策が必要な場合は1:3以上、のり面保護上堤防は1:5以上、のり面保護上はこれ以上が望ましい（施工直後、長期間定常浸透状態、洪水位降下時などで必要安全率が規定されている）。 ただし、25フィート（≒7.62m）以下で基礎地盤も良く浸透問題もない堤防は従来から運用されている堤防規定断面でよい。 ・堤防の最小断面は、水防や維持管理の観点から、天端幅10フィート（3.05m）、のり勾配1:2とする。	・日本の堤防はのり勾配が急で、結果として堤防の厚さが小さくなる。
その他、洪水位を低下させるための特筆されるべき新しい対応		・洪水を貯留・滞留するための「退田還湖」（湖内からの撤退、川の中州からの撤退により洪水を貯留・滞留できるようにする）政策、流域内での植林政策。		・洪水位を上げないためのroom for the river（川に洪水を貯留・滞留させ、水位を下げるための部屋を与える）政策。	・超過洪水に対して、堤内地の資産などの少ない最初に破堤させる場所を決めておく、その場合の堤防高の決め方などの規定もある。

堤防整備地点で堤防の余裕高に応じた堤防（他の未整備区間と同じ高さの堤防）を整備しない場合は、上下流への効果は確実なものとなる。これは、スーパー堤防が整備されていない区域の河川の安全性とのバランスからも重要である。

利根川上流などで計画堤防の天端高までの盛土をすると、その堤防が整備された地点のみにしか効果がなく、上下流の堤防の安全性に全く寄与することがない。

⑩ 河川行政担当者、河川管理者の問題として、2～3年で異動する人事、行政担当者の素人化などがあり、河川の管理や河川空間の利用面での知識・経験の不足という問題が生じてきている。その克服が課題である。

地方分権化時代の河川管理については、その積極的側面として、地域による水防体制の充実や住民への危険の周知徹底の進展が期待される。さらに、都市の空間としての河川管理も、基礎自治体の参画を得ることでの進展が期待される。

⑪ 河川管理の技術的基準である「河川管理施設等構造令」への環境面での配慮の追加、河川空間の規定、都市の空間としての河川空間の要件の追加などがなされてよいであろう。

なお、治水管理については、本書では要点のみを述べたが、詳しくは拙著『河川堤防学』、『流域都市論』、『人・川・大地と環境』、『河川流域環境学』を参照されたい[1]～[4]。

参考文献

1) 吉川勝秀：河川流域環境学、技報堂出版、2005
2) 吉川勝秀：人・川・大地と環境、技報堂出版、2004
3) 吉川勝秀：流域都市論、鹿島出版会、2008
4) 吉川勝秀編著：河川堤防学、技報堂出版、2008
5) 三浦裕二・陣内秀信・吉川勝秀：舟運都市、鹿島出版会、2008
6) 鈴木理生："水の都"江戸の水運、季刊 河川レビュー、No.142, pp.14-21, 2008.7
7) 鈴木理生：図説 江戸・東京の川と水辺の辞典、柏書房、2003
8) 吉川勝秀編著：都市と河川、技報堂出版、2008
9) 吉川勝秀編著：多自然型川づくりを越えて、学芸出版社、2007
10) 吉川勝秀編著：川のユニバーサルデザイン、山海堂、2005

第2章
河川の整備、管理の実態

　この章では、広い意味での河川管理とは何か、そして河川管理上の課題を解消・軽減するための河川整備、河川管理の実態について、主要な事項を取り上げて述べる。

2.1　広い意味での河川管理
　　　――河川整備は河川管理の課題を解消・軽減する手段

　河川管理は、広い意味では河川整備を含むものである。河川整備は、河川管理上の課題を解消・軽減するために、あるいは積極的に河川の価値を高めるために行われる行為といえる。そもそも法律は、規制などの最低限の規則を定めるものであり、管理全体を定めるものではないが、それを前提としてみても、河川法では管理の目的が示されており、その中に河川整備が位置づけられていることが理解できるであろう。
　近年（20世紀後半）は、社会基盤（インフラ）の一つである道路と同様に、河川の整備が全盛の時代であった。
　それは、江戸時代の天下普請（江戸城築城や日光東照宮造営のための河川や運河の整備）、鬼怒川・小貝川の流路変更・整備や利根川の東遷整備の時代などを除くと、歴史を通じて、特異な時代であったといえる。これからの時代を展望すると、河川の維持・管理が中心となるであろう。そして、河川整備は、少子・高齢化社会の財政的背景などから、水害後の復旧改良などの限られた機会にしか行われないであろう。一定の財源（道路特定財源）で整備が進められてきた道路と違い、この20～30年をみても、災害後の復旧改良が行われた河川区間を除くと、河川堤防などが大きく変化したことはなく、既にそのような時代となっているの

である。それは世界的にはこれまでも、そして現在においても、むしろ普通のことである。

以下に、河川管理の実態をいくつかの観点からみておきたい。

2.2 日本と欧米の河川管理の比較からの考察

河川の治水面の管理、水の管理にかかわる水利用と排水〔都市の上水(道)・下水(道)、農業用水など〕、そして世界的には重要な河川管理の対象である舟運（水運）について、世界的な視野でみておきたい。

表 2-1 は、日本と欧米の河川管理、水管理について、第 1 章 **表** 1-1 も参考にしつつ大まかにまとめたものである[1]。その特徴を以下に示す。

① 欧米では、国（連邦国家では連邦）の河川管理は、国や州をまたぐ舟運の管理のみである。

② 日本では、治水は国の責務とされているが、欧米ではそれは洪水の危険性のある氾濫原に住む住民の問題であり、その対応は個人もしくは個人に最も近い基礎自治体などの地方自治体（連邦国家では州を含む）により行われている。ただし、国ができる前から住民が水管理を行ってきて、"人がつくった低地"に社会が発展しているオランダは除く。

③ 上下水道の管理は、多くの国で自治体により行われている。

④ 河川整備については、日本では国の直轄区間の整備において地方にも分担金の負担があり、法定受託事務として都道府県による整備については国の補助金がある。

　欧米では国による整備は国の資金で、地方による整備は地方の資金で行われることが原則である。上下水道についても、地方自治体の資金が原則であり、国による補助は基本的にないのが普通である。

なお、我が国と同様に、国が河川管理に大きく関与している国としては、モンスーン・アジアで稲作を中心に発展してきた東アジアの中国、韓国、さらにはタイなどがある[2]。

このような河川管理の国際比較から、近代社会となった明治初期には舟運が国の河川管理の中心であったが、その後は治水を国の責務としてきたことなど、稲作農耕社会から現在の都市社会に発展してきた我が国の河川管理の特徴を理解することができるであろう。それは、稲作農耕が重要な社会の基盤であった同様の社会から発展をしてきた中国や韓国も類似している。

表 2-1　日本と欧米の河川、水管理の実態

国名	日本	イギリス	フランス	ドイツ	オランダ	アメリカ
舟運	・水上バスなどを除き、ない。	・国の機関（独立行政法人）ブリティッシュ・ウォーター・ウェイが管理。	・航行河川は国が管理（民営河川もある）。	・舟運は連邦が直轄管理。 ・約1.7万人の連邦公務員が従事（人数は1997年当時）。	・河川、運河は国が管理。	・内陸舟運は連邦の陸軍工兵隊が管理。 ・約1.4万人の工兵隊で管理（1997年当時）。
治水	・明治時代に水は公有に、土地は私有に。治水管理は国の責務。 ・地方自治体は法定受託事務（地方分権化法以前は、機関委任事務）。	・沿川住民の問題。水組合で管理しているところもある。	・1800年代より、治水は沿川住民の責務。 ・治水以外の水管理について、流域ごとに、国の代表、県の議員、利用者の流域委員会で計画を策定し管理。	・治水は沿川住民の問題。行政上は州、沿川自治体が対応。 ・ライン川下流では、オランダのように堤防（水管理）組合が堤防を管理。	・干拓により国を形成した歴史。 ・沿岸部（高潮区間）の治水は国が実施。 ・ライン川などは国が治水管理の基準を示し、水管理組合が建設と維持管理を実施。 ・治水の責務は国にあるが、実施は水管理組合。	・水害は自然現象で連邦、州、自治体に責務はない。 ・氾濫原管理、土地利用の管理は自治体の仕事。 ・州は自治体をサポート。 ・連邦は州際通商に関することに、関係州の要請により関与することができ、また州の要請で治水を担当できる。 ・連邦は土地利用の規制を前提に、洪水保険を提供。
下水道、水質	・地方自治体の仕事。国からの補助がある。	・自治体管理から民営化（イングランド、ウェールズ）	・流域ごとに料金を徴収し、事業に補助。 ・自治体の仕事で国の補助はない。	・自治体の仕事。 ・州が自治体に補助することもある。	・自治体の仕事。	・自治体の仕事。
上水道	・地方自治体の仕事。	・自治体管理から民営化（イングランド、ウェールズ）	・自治体の仕事。 ・約8割の上水、下水の運営・管理はコンセッション契約で民間に管理委託。	・自治体の仕事。 ・大きな処理場に補助をする州もある。	・自治体の仕事。	・自治体の仕事。
その他		・独立行政法人EA（エンバイロメンタル・エージェンシー）が水質、環境、治水を受託して実施。 ・上下水道管理を民営化。	・6大流域では流域単位で水管理を実施（地方分権ではなく、統合的管理）。	・連邦国家で、各州が国家の形態。	・干拓で国を形成し、水を管理してきた歴史。 ・建国以前から水管理組合で水管理。 ・水管理組合は、公務員として仕事をし、広範囲に水管理を実施。	

2.3　20世紀後半は特異な時代——河川の整備中心の時代

（1）　地方の管理から国の直轄管理へ

　江戸時代には幕府直轄地を除くと、河川管理は藩を中心に行われてきた。また、1896（明治29）年の河川法の制定以降も、河川管理は都道府県が（第二次世界大

戦以前は官選知事であり、機関委任事務として）実施してきた。利根川や淀川などの大河川では、その幹線部分は国（内務省）が改修してきた。その他の河川では、大災害があった場合に、内務省が直轄工事を実施し、工事完了後は都道府県が管理した。

　都市化、工業化の進展に伴い新たな水資源の確保が必要となった。そのため、1964（昭和 39）年に河川法を改正し、従来の「治水」管理に加えて「利水」管理を加えた。国が直轄管理する河川が大幅に増加した。そして、高い治水安全度を設定した河川の整備計画（工事実施基本計画。現在の整備の基本方針）を定めて、完了のめどがつかない河川整備を行うとしたため、整備完了後に都道府県に河川管理を戻すこともなくなった。

　地方分権の議論は、1964（昭和 39）年以降、直轄管理とした河川を、それ以前の管理形態に戻すという方向性を持ったものでもある。多様性を河川に求める時代には、地方の組織・体制を整え、財源を確保することを前提に、その方向性にも理があるようにも思われる。

（2）　河川整備の進展

　国づくりにおいて重要な社会資本である道路整備は、道路特定財源（揮発油税、重量税など）の下で、道路特別会計で計画的、定常的にその整備を実施してきた。河川の整備も、1959（昭和 34）年の伊勢湾台風による大災害後、特定財源はないが、一般会計による治水特別会計で計画的、定常的に実施することとなった。なお、2008 年現在、道路特定財源は一般財源化されることとなり、社会基盤整備の牽引的な道路整備も転換期にある。かつては公共事業として道路整備と並列して予算措置がなされてきた河川整備であるが、その変化は、河川整備の財源の今後の減少にも大いに影響を与えるであろう。

　第二次世界大戦後の昭和 20 年代から 30 年代にかけて発生した大水害後、大河川の整備は急速に進んだといえる。大河川の水害も発生した 1958（昭和 33）年の狩野川台風による水害のころより、都市化の進展に伴った都市型の水害が問題となった。このため都市の中小河川の整備が進められるようになり、水害が身近であることもあり、その整備が進展することとなった。

　利根川などの大河川における堤防などの整備は、昭和 30 年代から 40 年代には大きく進展し、川幅の拡大、堤防の嵩上げや引き堤などにより河川整備が進展した。しかし、その後は、大災害を被った大河川の区間以外は、堤防などの整備はほとんどなされていないのが実態である。その一方で、水害の発生を経験した大河川の上流や支川の整備が年々進み、潜在的に大河川の下流部に負荷を加えてき

たといえる。

(3) 水資源開発のためのダムの建設

　高度経済成長期以降の都市化、工業化の時代には、水需要が急増した。河川の安定した水の取水は、それまでに農業用水にほぼ利用しつくされていたことから、新たに水資源を開発・供給することが必要となり、河川の上流でダム建設が行われてきた。また、新たな農業開発、生産性の向上もあって、水開発に多くの財政資金が投入され、ダム建設が進んだ。

　ダム建設は、水需要量の増大の要請があり、そして都市や農業などの利水者の負担金を求めるもので、全額税金による資金でないこともあって、その行政担当者が大手を振ってそれに取り組んだ時代があった。そして、ある面で無理のある計画と事業への着手が、今日のダムをめぐる問題につながっている面も否めない。その後の社会情勢の変化によって水需要量の実績としての増加にも、その見通しにも変化があり、水開発への要請が減少、消失し、建設中止となったダムも多い。

(4) 河川整備が中心の時代

　既にみたように、第二次世界大戦後は、戦後すぐの大水害の発生〔1947(昭和22)年のカスリーン台風、1959(昭和34)年の伊勢湾台風による水害など〕の復旧改良工事、その後の水需要の増大へ対応するため、河川管理者、地方行政の関係者らは、ダム建設などの河川整備を中心とした河川管理を行った。その傾向は20世紀後半を通じて続いた。その間、河川空間や河川管理施設の管理、河川利用といった河川管理は、河川整備の傍流的な仕事となってきた。

(5) 水害裁判

　昭和40年代後半から50年代前半には、水害の被災者が河川管理者（国、都道府県）を訴えた水害裁判があった[1]。建設省（当時）の直轄河川では多摩川と長良川、都道府県管理の河川では加治川、太田川、神田川、平作川、谷田川（寝屋川支流。大東水害訴訟）、安曇川、菱刈川、油山川などである。

　これらの水害裁判は、治水が国の責務であることを示しており、世界的には例をみないものである。これは国民の国への依存、それに基づく権利意識を示すものである。訴訟社会であるアメリカでも、水害で国民が連邦や州を裁判に訴えることはない。前出の**表 2-1**に示すように、治水は沿川住民の問題とされている国々では、そのような裁判は成立せず、そのような訴えはない。

　その水害裁判では河川管理の瑕疵が争われるが、その基本的な争点は河川整備

の遅れであった[1]。水害裁判は、当時は、河川管理において河川整備が社会的に要請されていたことを示したものであったともいえる。

（6） ダムや河口堰建設をめぐる問題：環境を理由として

1980年代中ごろになると、高度経済成長期に計画された上流でのダム建設や水開発や取水を行うための河口堰（長良川、吉野川など）の建設をめぐる反対運動が起こった。それにより建設が中止となったダムや河口堰も出てきた。

そのような社会の批判も受けて、河川管理の目的に「環境」が付け加えられ、河川整備への地域参加を可能とする河川法の改正が1997(平成9)年に行われた。このような河川行政の転換には、その時期に始められた多自然型川づくり（近自然河川工法）の実施などもあったが、長良川河口堰やダム建設への反対の動きとそれに対する国民の共感が大きな背景となった。

その後も、ダム建設などにかかわる議論は、淀川水系のダムや熊本県の川辺川ダム、吉野川河口堰などで行われている。それらのダム、河口堰は、水不足の時代には他に代替手段がなかったといえる。しかし、治水は、被害の甘受も含めて、代替手段（その実行可能性は極めて乏しいといえるが）の想定が容易なため[1~4]、それが中止の理由づけとなっている。総合治水対策は論理的に響きがよいが、昭和60年代ごろの限られた総合治水対策特定河川以外では、全くといってよいほど実施に移されていない[4]。長野県など、ダムの代替手段としての治水対策を選択したとする河川流域で、総合的な治水対策が実践された事例を知らない。議論はなされるが、実行された例はない。

建設中止になった川辺川ダムでは、集落の移転や関係道路の整備など、ダム事業としては大半の部分が完了し、ダム本体の建設工事を残すのみとなっていたが、2008年には県知事が建設に反対し、実質的に中止に至っている。

（7） 環境の問題から財政の問題へ

既にみてきたように、20世紀後半から21世紀初めまでは、河川管理の中心が河川整備にあった。そのような時代は、20世紀後半の河川整備などの進展、人口増加と都市化などの社会発展が頭を打ったことにより終わった。その転換期には、ダムや河口堰の建設を含む河川整備に伴う河川環境の改変への国民意識の離反により終焉したようにみえた。

これからの少子・高齢化社会、人口減少の時代の到来により、財政的にも社会資本への投資余力がなくなり、この面からも河川整備は難しくなった。

(8) 河川管理の経験などの問題

　河川整備を中心とした河川管理が行われてきた弊害として、本来の河川管理についての経験の蓄積と伝承が、行政関係者において行われてこなかったことがある。例えば、河川管理にかかわる書籍をみても、筆者が関係した「河川管理施設等構造令」の解説や「工作物設置許可準則」の解説などに限られており、極めて少ない[5),6)]。河川敷地の占用許可や工作物の設置の許可、さらにはより積極的な河川空間利用の推進などについての手引や参考図書はほとんどないといってよい。それらの知識・経験などの伝承は、筆者も講師をしていた国土交通大学校（旧建設大学校）などにおいて、行政担当者を対象としたインハウス教育という形で行われてきたが、広く公になった書籍はない。

　河川占用を例にとると、「河川敷地占用許可準則」を基本としつつ、①その占用が河川敷地で行われる必要があるか、②地方公共団体などの公的で適切な占用申請者からのものであるか、③それらが満たされたときに、治水上の支障はないか、④周辺の河川敷地利用や沿川の状況とのかかわりで問題がないか、などが判断の基準となる。

　また、そのような一般的な許認可の判断に加えて、より積極的な許認可として、河川環境管理基本計画などでの位置づけを基本とした許認可へ転換したことへの理解・認識である。一般原則（「河川敷地占用許可準則」、「河川管理施設等構造令」）で行政担当者の裁量が入る余地のあるものから、あらかじめ地域の合意を得た空間利用計画に基づく利用や工作物などの設置許可への転換である。

　河川管理や河川利用は、都市整備や都市再生にかかわる土地利用、都市計画と連携して初めて優れたものとなり、実行性のあるものになる。しかし、都市整備・都市計画の主体である基礎自治体には、河川管理の担当部局がなく、河川管理の経験もないのが実情である。この点が、特に大きな問題である。現在議論され、実行に移されつつある河川管理の地方分権は、基礎自治体での担当部局の設立を含めて検討しなければならない。基礎自治体である市区町村の行政職員は、河川管理や河川利用は都道府県や国で行うものと認識している。そうではなく、河川管理者が国や都道府県であっても、河川空間の利用などは、その河川が流れる基礎自治体で構想・計画を立てて進めることが重要である。そのような認識を持って取り組む行政マンがいると、優れた河川整備や河川利用が進む。その先進的な事例の1つが、本書でしばしば紹介する北海道恵庭市の漁川・茂漁川である。

　今後は、河川再生や都市再生・都市形成などにおいて、河川沿川の土地利用、都市整備・都市計画と河川管理を連携させた管理が重要である。

（9） 戦後の河川整備、河川管理などにかかわる主な経過

戦後の河川整備、河川管理などにかかわる河川行政の主な経過は、河川法の管理の目的の変化を示した第1章の**図 1-4** および河川利用や河川環境にかかわる対応を示した**図 2-1**のようである。

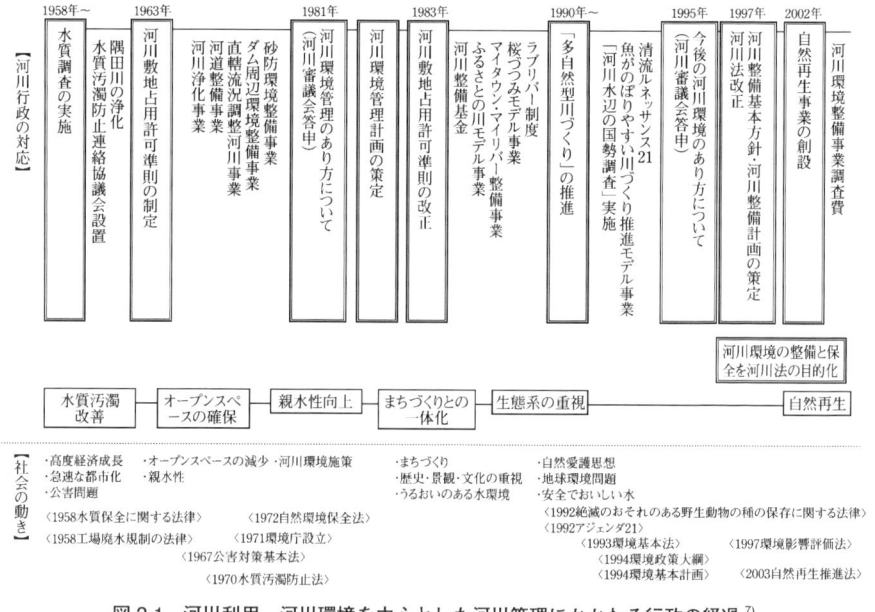

図 2-1 河川利用、河川環境を中心とした河川管理にかかわる行政の経過[7]

【河川行政の対応】
- 1958年～　水質調査の実施
- 　　　　　隅田川の浄化
- 　　　　　水質汚濁防止連絡協議会設置
- 1963年　河川敷地占用許可準則の制定
- 　　　　河川浄化事業
- 1981年　砂防環境整備事業
- 　　　　ダム周辺環境整備事業
- 　　　　直轄流況調整河川事業
- 　　　　河道整備事業
- 　　　　（河川審議会答申）
- 　　　　河川環境管理のあり方について
- 1983年　河川環境管理計画の策定
- 　　　　河川敷地占用許可準則の改正
- 　　　　ふるさとの川モデル事業
- 　　　　マイタウン・マイリバー整備事業
- 　　　　河川整備基金
- 1990年～　「多自然型川づくり」の推進
- 　　　　ラブリバー制度
- 　　　　桜づつみモデル事業
- 　　　　魚がのぼりやすい川づくり推進モデル事業
- 　　　　「河川水辺の国勢調査」実施
- 　　　　清流ルネッサンス21
- 1995年　（河川審議会答申）今後の河川環境のあり方について
- 1997年　河川整備基本方針・河川整備計画の策定
- 　　　　河川法改正
- 　　　　河川環境の整備と保全を河川法の目的化
- 2002年　自然再生事業の創設
- 　　　　河川環境整備事業調査費

経過：水質汚濁改善 → オープンスペースの確保 → 親水性向上 → まちづくりとの一体化 → 生態系の重視 → 自然再生

【社会の動き】
- 高度経済成長
- 急速な都市化
- 公害問題
- オープンスペースの減少・親水性
- 河川環境施策
- まちづくり
- 歴史・景観・文化の重視
- うるおいのある水環境
- 自然愛護思想
- 地球環境問題
- 安全でおいしい水

〈1958水質保全に関する法律〉　〈1972自然環境保全法〉　〈1992絶滅のおそれのある野生動物の種の保存に関する法律〉
〈1958工場廃水規制の法律〉　〈1971環境庁設立〉　〈1992アジェンダ21〉
〈1967公害対策基本法〉　〈1993環境基本法〉　〈1997環境影響評価法〉
〈1970水質汚濁防止法〉　〈1994環境政策大綱〉
〈1994環境基本計画〉　〈2003自然再生推進法〉

その他に、下記のことを付記しておきたい。

① 戦後の大水害発生後に復旧改良として大河川を整備
② 伊勢湾台風後に治水特別会計を成立させ計画的に整備
③ 都市型水害の発生と都市河川整備
④ 高度経済成長期以降のダムなどの利水施設の建設（河川法の改正、水資源に関係する法律の制定）
⑤ 長良川河口堰、ダム建設への反対運動（環境面、古い時代の計画など）
⑥ 舟運の促進、船舶の河川係留の適正にかかわる対応方針[8]
⑦ 流域市民団体の活動、行政との協力関係[9]

2.4　これからは河川空間を生かす時代

これからの時代は、河川整備中心ではなく、河川をマネジメントする本来の河川管理の時代である。その視点から、都市の河川、地方の河川を生かす方法について述べる。

(1) 都市の河川を生かす（河川の再生、川からの都市再生）

これからは、都市の河川空間を生かす時代である。

20世紀以降、都市は道路という交通施設を前面に発展してきた。一方、河川は都市化とともに汚染され、しばしば都市型水害が発生し、舟運が衰退したこともあり、河川は都市の裏側の空間となった。

しかし、都市の裏側となった河川空間は、広大でかつ連続した空間である。稲作農耕社会の延長上で、川の氾濫原で都市が発展し、都市化社会となった我が国では、都市計画区域の面積の約1割は河川空間である。東京区部は、皇居やかつて武家屋敷・寺社があったことから、緑地面積は他の都市に比較して多く、約6%程度である。しかし、河川空間はそれに比較しても大きく、かつ連続した空間である（図2-2）。

河川は都市の中の貴重なオープン・スペース

○国土面積に占める河川の面積は3%。
○都市地域*1の面積に占める河川の面積は約2,436km²で、約10%を占める*2。
　*1：都市地域とは市街化区域を指す。
　*2：平成2(1990)年度河川現況調査（建設省調べ：1級水系および主要な2級水系、計173水系、約257,232km²をカバーする調査）
○河川・湖沼と都市公園の1人当たり面積

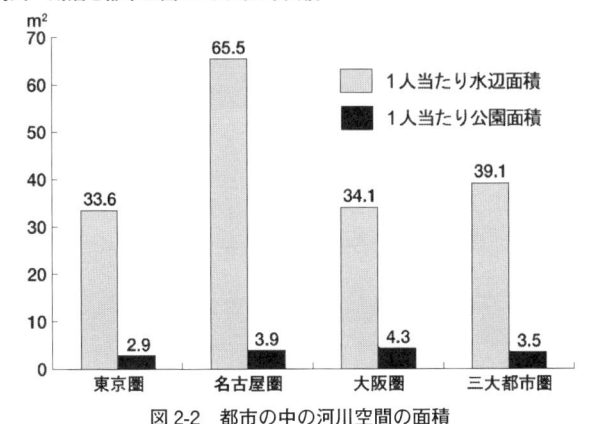

	東京圏	名古屋圏	大阪圏	三大都市圏
1人当たり水辺面積 (m²)	33.6	65.5	34.1	39.1
1人当たり公園面積 (m²)	2.9	3.9	4.3	3.5

図2-2　都市の中の河川空間の面積

川までの距離の平均は、約500m、歩いて5分程度である[1),3),7)]。都市で50%以上の人が抵抗なく歩ける距離は400m程度[10)]とされているので、それよりは少し離れているが、都市で意識的にウォーキング、ジョギング、散歩などを行うには、身近な空間である。さらにリバー・ウォークがあれば、自動車と競合せずに安心して歩ける連続した空間である。

河川空間には、水の流れと生き物のにぎわいがあり、そして空の開けた連続した空間があり、都市の再生に極めて有用なほぼ唯一の公的な空間である。これからの時代は、都市に道路をつくって通過交通を呼び込むのではなく、河川を生かした都市再生の時代である[3),11)]。

20世紀を通じて都市は道路交通を主軸に形成、発展してきたが、最近はその見直しが行われてきている。例えば、欧米では都市の中への通過交通の流入を規制し、都市の道路を歩行者専用道路（モール）にして都市を再生しているミュンヘン、フライブルグ、ストラスブール、アムステルダムなどの事例がある。そしてアジアでも河川に蓋をして建設された道路を撤去して河川を再生（日量16万台の交通量があった平面道路と高架道路を撤去し、蓋をかけて暗渠化されていた河川を再生。道路は再建せず。**写真2-1**）したソウルや都心への自動車交通の流入を抑制しているシンガポールなどがある。

写真2-1　河川に蓋をして設けられていた平面および高架道路を撤去して、河川を再生したソウルの清渓川
〔左：撤去前、右：撤去後（夜間）。高架の高速道路の橋げた（ピア）が3本残されている〕

また、河川と道路との関係を再構築し、都市の水辺を再生するとともに都市の再生を図った例として、上述のソウルの清渓川の再生（日本の日本橋川のような川に蓋をし、その上に平面道路と高架道路を建設していた）、ケルンとデュッセルドルフのライン川河畔の都市再生（河畔の高速道路を撤去・地下化、水辺の都市を再生）、ボストンの水辺再生（ボストン港岸の再生、その水辺と都心とを分断する障害物であった高架の高速道路の撤去・地下化）、北京の水路再生と沿川

の再開発〔埋め立てられていた河川（転河）を、道路を撤去して水路を再生、舟運の再興、沿川の再開発〕などもある。

河川を再生し、川から都市再生を行った事例には、上記の例のほかにも、日本では東京の隅田川、北九州の紫川などが、欧米ではイギリスのマージ川、アメリカのサンアントニオ川などが、アジアではシンガポール川、台湾・高雄の愛河、上海の蘇州河や黄浦江などがある[11]。

近傍の人により散歩などに利用されている都市の中の河川は数多い（荒川下流、江戸川、鏡川など。**写真 2-2 〜 2-5**）。

しかし、河川近傍以外の人による河川利用までみると、単に川の通路や公園が整備されているだけでは不十分である。都市の中の河川を利用した成功例として知られるアメリカのサンアントニオ川でも、ショートカットされた河川区間にリバー・ウォークが整備されただけでは、今日のようにはならなかった。整備後の1940年代にはサンアントニオの魅力のある場所となったが、1960年代には人が行きたがらない場所となった。今日のようににぎわいのある空間とするため、リ

写真 2-2　都市の中で散歩などに利用されている荒川下流（東京）

写真 2-3　都市の中で散歩などに利用されている江戸川（東京）

写真 2-4　都市の中で散歩などに利用されている鶴見川（横浜）

写真2-5　都市の中で散歩などに利用されている鏡川（高知）

バー・ウォークに面して本格的なレストラン、バー、ホテルのロビーが立地し、水面には遊覧船が走るようになって、今日のようににぎわう川となった（**写真2-6**）。日本でも、このような面で、例えば最も人の集まる場所にある道頓堀川のとんぼりウォークや京都・鴨川の料亭の桟敷、徳島の遊覧船の運航などといったことが必要といえる（**写真2-7 ～ 2-9**）。

写真2-6　アメリカのサンアントニオ川

写真2-7　大阪の道頓堀川

写真 2-8　京都の鴨川

写真 2-9　徳島の新町川

　都市で河川や水路が消失する中で、一部ではあるが水辺が残された例として、最も初期のものとして昭和 40 年代後半の東京・江戸川区の境川・小松川せせらぎ緑道があり、比較的近年のものとして世田谷区の北沢川緑道がある（**写真 2-10、2-11**）。また、水路そのものを残して再生したものとして岡山市の西川緑道があり、良い空間となっている（**写真 2-12**）。しかし、これらの緑道やせせらぎ水路は、一度行くと再び行きたくなることはないので、近傍の人は訪ねても、旅行者が訪ねる場所ではない。

　都市部はもとより、地方の川においても、従来の運動場での野球などのスポーツによる時々の利用から、日常的、常設的な利用が考えられてよい。そして、イベントでの時々の利用から、毎日のウォーキングや散

写真 2-10　境川・小松川緑道（東京都江戸川区）

歩などや、河畔に拠点施設を設けて行う福祉や医療面での利用、そして子どもの教育、学習面での利用が考えられてよい。この面での先進的な事例も数多く出現している[3), 12)～14)]。

写真 2-11　北沢川緑道（東京都世田谷区）　　　写真 2-12　西川緑道（岡山市）

（2）　地方の川を生かす（拠点的利用。健康・福祉・医療と教育）

　地方部の大きな川においては、堤防で分断され、地域から孤立した河川の中だけの利用ではなく、川の中と外（人の住む側の都市や地域）と一体化した利用が考えられてよい。そのような事例は鬼怒川や小貝川でみることができる（**写真 2-13～2-17**）。

　河川は、単にアクセス路やリバー・ウォーク、公園が整備されれば利用されるというものではない。例えば小貝川の下妻市や取手市藤代でみられるように、フ

写真 2-13　鬼怒川・さくら市の河川・河畔公園

〔河川敷の中の公園の部分で、イベントが開催されている時の風景（写真左）。堤防部分には桜づつみ（右）が、堤防の内側（人の住む側）には下水処理場と一体となった駐車場、公園、そして桜づつみの上に出るエレベーターと陸橋などがあり、堤内外が一体となった公園となっている。堤内外を一体化した規模の大きな公園である〕

ラワーカナルとして河川敷地にコスモス（秋）やポピー（春）を育てる活動により、それらが花開くころに、継続して多くの人々に利用される（**写真 2-18**）。あるいは河畔に拠点施設を設け、駐車場とトイレ、食堂・喫茶などがあり、日常的な利用が行われているものがある（**写真 2-19 ～ 2-20、図 2-3 ～ 2-5**）。

写真 2-14　鬼怒川・真岡市の自然教育センター
(鬼怒川の河畔の霞堤に囲まれた場所にセンターの建物があり、そこから堤防に遮られることなく鬼怒川の河川敷に出ることができる。河川敷には旧河道の水たまりや自然があり、自然体験ができる。また、そこには広場も整備され、野外でスポーツなどの体験もできる。老人研修センターが併設されており、子どもたちと高齢者の交流もある。堤内外を一体化した公園である)

写真 2-15　鬼怒川・二宮町の川の一里塚と河川公園
〔堤防には川の一里塚が整備されており（左）、その前面の河川敷は公園として利用されるようになっている（右）。堤内外を一体化した公園である〕

写真 2-16 小貝川・下妻市の河川・河畔公園

〔河畔の道路を付け替えて盛土し、そこに拠点施設（ネイチャーセンター。オオムラサキの形をした屋根の建物）を置き、堤内地側に駐車場を整備。河川敷地内にはオオムラサキの森、運動場、旧河道の水たまりがある自然散策地、広い花畑（フラワーベルト）などがある。左はその河川・河畔公園を筑波山を背景に見たもの、右は河畔の盛土公園から河川敷の運動公園とオオムラサキの森を眺めたものである。堤内外を一体化した大規模な公園である〕

写真 2-17 小貝川・取手市藤代の河川・河畔公園

〔堤防に向けて大きな築山を築き（左）、また堤防を桜づつみとし、堤内地側には体育館、野球場、運動場などを配置、川の中には広場（右）やサイクル・モトクロス場、広い花畑（フラワーカナル）を配置している。さらに、河畔には小貝川ポニー牧場、介護予防施設の生き生きクラブの建物（交流施設）を設けている。また、堤防を広くして、その上に防災センターも整備さている。堤内外を一体化した大規模な公園である〕

第 2 章　河川の整備、管理の実態　　59

写真 2-18　河川の集中的な利用：小貝川のフラワーカナル
（左：下妻市の花の咲いた時期の利用、右：取手市藤代の花の咲いた時期の利用）

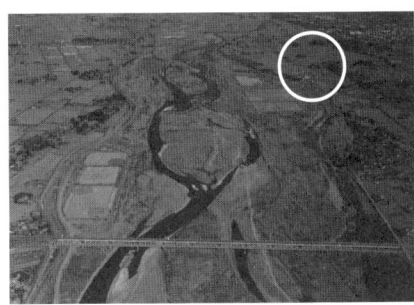

写真 2-19　河畔に拠点施設を持った日常的・常設利用：真岡市の鬼怒川自然教育センター
〔鬼怒川の河畔（霞堤の奥まった場所）の丸印のところに自然教育センターと老人研修センターがある。そこを拠点に、鬼怒川の河川敷地などで自然体験をしている〕

写真 2-20　河畔に拠点施設を持った日常的・常設利用：下妻市の河川・河畔公園
〔河川堤防を外側に付け替え、河畔に盛土をして拠点施設（ネイチャーセンター、トイレなど）を整備。盛土上の桜づつみ公園、川の中の花畑（フラワーベルト）、運動公園、オオムラサキの森などを利用〕

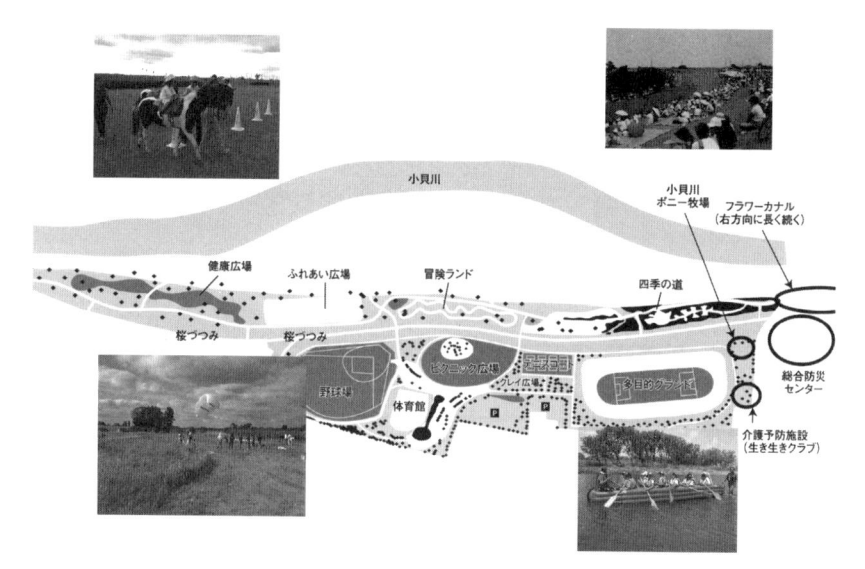

図 2-3　河畔に拠点施設を持った日常的・常設利用：取手市藤代の河川・河畔公園
〔河畔の拠点施設（介護予防施設と小貝川ポニー牧場）を中心に、河川敷地で花祭り（フラワーカナル）、ポニー乗馬、水上でのボート、パラグライダーでの浮遊体験などを実施〕

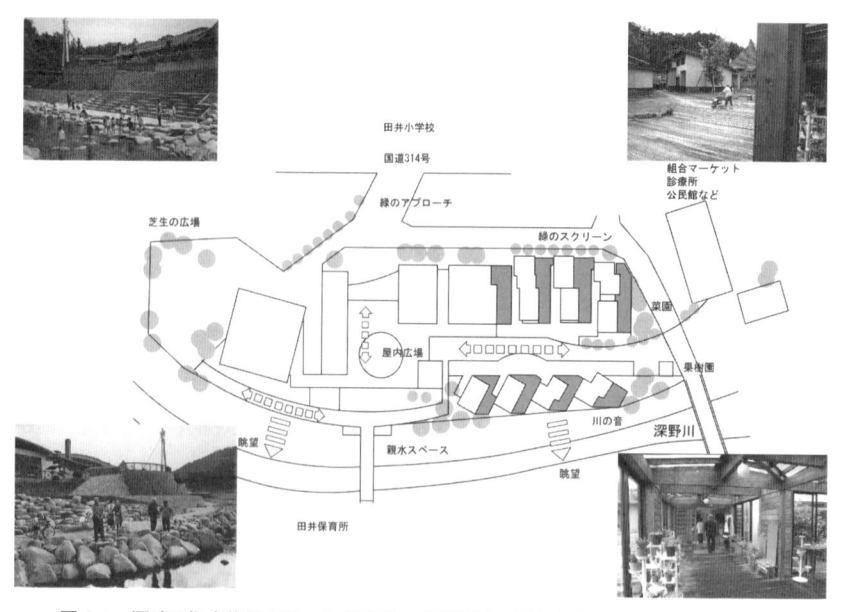

図 2-4　河畔に拠点施設を持った日常的・常設利用：雲南市吉田のケアポートよしだ
〔深野川河畔の小規模多機能の福祉施設を中心にスーパーマーケット、診療所などのまちができている。そして、深野川の中と河畔が子どもや高齢者、若者らに利用されている[3),12)〜14)]〕

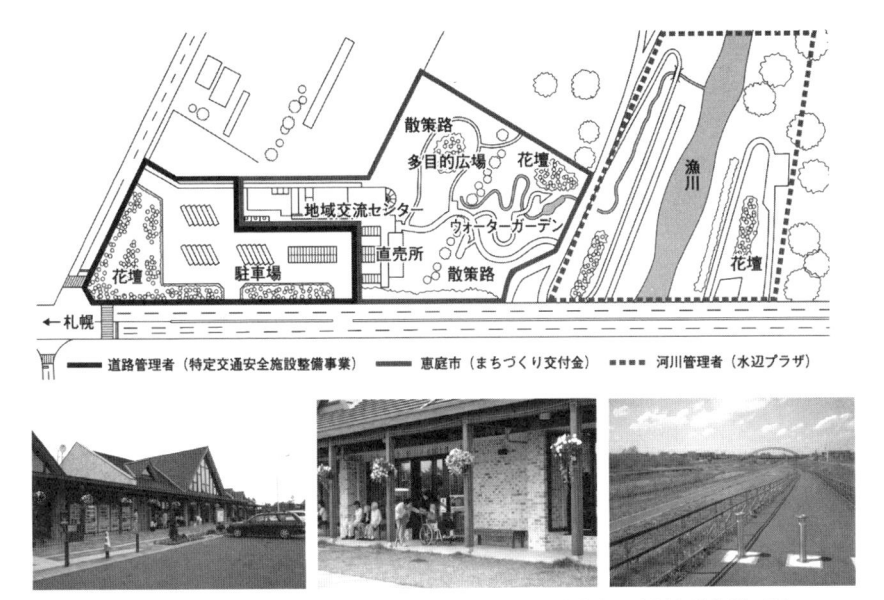

図 2-5　河畔に拠点施設を持った日常的・常設利用：恵庭市の漁川と道と川の駅
(漁川の河畔に道の駅と川の駅を配置。河畔の道の駅に高齢者も含む人々が来て、そこから漁川のバリアフリーの河川敷地に出て、散歩などもできる)

(3)　リバー・ウォークは都市・地域と河川とを結びつける必須の装置

　河畔や川の中に設けられたリバー・ウォークは、都市・地域と河川とを結びつける必須の装置といえる（**図 2-6、2-7**）。利用されている世界の河川には、リバー・ウォークが設けられている（**写真 2-21 ～ 2-55**）。洪水時にも利用できる河畔のリバー・ウォークに加えて、洪水時は利用できないが、日常的には利用できる川の中のリバー・ウォークが、都市河川においても設けられ、利用されることが、都市再生の面からも期待される。

(4)　舟運は都市・地域で河川空間を生かす装置

　河川において民間企業や市民団体などにより舟運サービスが行われると、河川利用が進む。舟運は河川利用を促進し、そして都市・地域と河川とを結びつける装置といえる[7]。今後、都市再生や観光などの面で、舟運の振興が考えられてよい。
　都市を流れる河川として存在感のあるパリのセーヌ川では年間約 700 万人、ロンドンのテームズ川では約 250 万人、東京の隅田川では約 200 万人（川のみだと 100 万人）、大阪の大川（旧淀川）では約 80 万人が、観光船に乗り、都市を眺め

Auタイプ：荒川、江戸川、利根川、鶴見川などの日本の河川
Buタイプ：荒川下流、江戸川、マイン川（フランクフルト）、境川（高知市）など

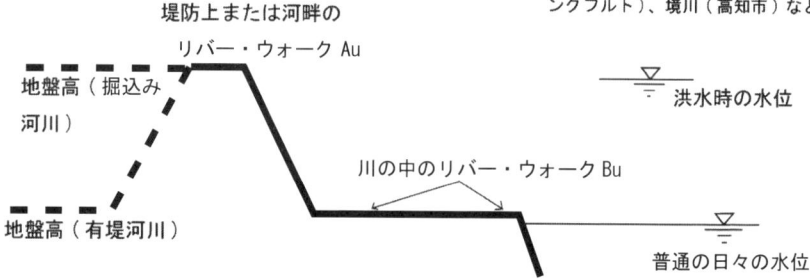

図2-6　リバー・ウォークの形態①：通常の河川のリバー・ウォーク
〔洪水時の水位より高い位置にある堤防上あるいは河畔のリバー・ウォークは、普通の日々はもとより、洪水時にも使用できる。日本では、このような位置のリバー・ウォークは河川管理用通路として整備され、河川の点検や河川の修繕・整備に使用し、洪水時にも水没せずに水防活動に使用される。川の中のリバー・ウォークは洪水時には水没するが、普通の日々（平常時）には川の空間を都市、地域と結びつける必須の装置となる。日本では、川の中のリバー・ウォークの整備は、原則として自治体によるものとなっている。ただし、荒川や江戸川などで整備されている地震時の緊急輸送のための川の中の通路が、河川管理施設として河川管理者（国）により整備されている〕

Auタイプ：テームズ川（ロンドン）、堀川（名古屋）、黄浦江（上海）、シンガポール川など
Buタイプ：セーヌ川（パリ）、テヴェレ川（ローマ）、隅田川、サンアントニオ川、清渓川（ソウル）新町川（徳島）など

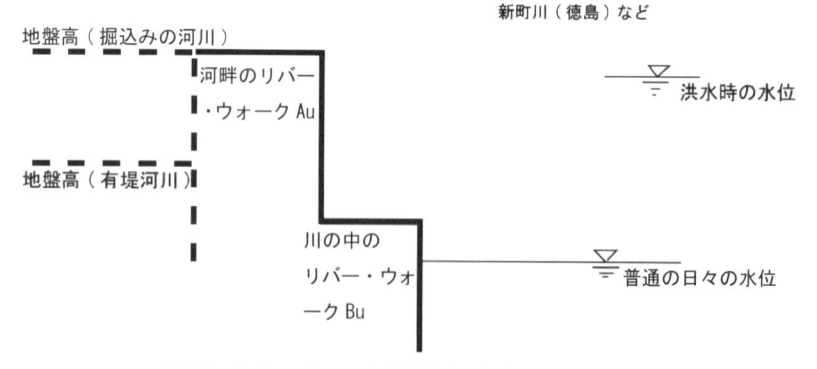

図2-7　リバー・ウォークの形態②：都市河川のリバー・ウォーク
〔リバー・ウォークは形態①で示したものと基本的に同じであるが、都市河川は一般的に勾配の急な護岸やコンクリートの堤防などとなっており、人工的な形態となることが多い。都市では、リバー・ウォークは、社会インフラである川と都市とを結びつける必須の装置であるとともに、川を都市に生かす上で重要である。リバー・ウォークのない川は、都市では存在感のないものとなる（それがある川とない川とを比較すると、それがよく分かるであろう）〕

第 2 章　河川の整備、管理の実態　63

写真 2-21　川沿いのリバー・ウォーク：東京の荒川下流①
（左：堤防上および河川内の通路、右：堤防上から河川内への坂路）

写真 2-22　川沿いのリバー・ウォーク：東京の荒川下流②
（高い堤防を越えて河川に至る。左は堤防上の通路、右は堤防上に至る坂路）

写真 2-23　川沿いのリバー・ウォーク：栃木の鬼怒川（二宮町）

写真 2-24　川沿いのリバー・ウォーク：秋田の小吉川
（秋田県由利本荘市。左：本荘第一病院付近の川の中の通路、右：アクアパル付近の堤防上の通路）

写真 2-25　川沿いのリバー・ウォーク：大阪の淀川（左：川の中の通路、右：堤防上の通路）

写真 2-26　川沿いのリバー・ウォーク：熊本の白川
（左：河畔に緑地を有する区間の白川、右：河畔緑地にあるリバー・ウォーク）

第 2 章　河川の整備、管理の実態　65

写真 2-27　川沿いのリバー・ウォーク：神奈川の鶴見川（堤防上の通路）

写真 2-28　川沿いのリバー・ウォーク：東京の隅田川①
〔左：近年になって整備された川の中の通路、右：墨田堤上の通路。隅田公園（この公園は、関東大震災後の帝都復興計画で設置された我が国最初の河畔公園）付近〕

写真 2-29　川沿いのリバー・ウォーク：東京の隅田川②
〔20世紀後半に川の中に通路が設けられた。この川は、本流が荒川放水路（現在の荒川）にバイパスしたことから、治水上の洪水の流下能力に余裕ができたため、川の中にリバー・ウォークを設けることができるようになったといえる〕

写真 2-30　川沿いのリバー・ウォーク：広島の太田川
〔この都市では、戦災復興計画で河畔緑地と通路（リバー・ウォーク）が計画され、それが計画どおり広範囲に整備されている。原爆で徹底的に破壊されたがゆえに、この戦災復興計画が実現しためずらしい河川である。このような河川は、他には徳島の新町川があるが、新町川では左右岸に計画されたが、左岸側のみ整備された〕

写真 2-31　川沿いのリバー・ウォーク：京都の鴨川
（都市の中で最も市民などに親しまれている河川である。川の中に通路を設け、散歩やサイクリングなどに利用されている）

写真 2-32　川沿いのリバー・ウォーク：徳島の新町川
（河畔公園や川の中に通路が設けられている）

第2章　河川の整備、管理の実態　67

写真 2-33　川沿いのリバー・ウォーク：大阪の大川
（土佐堀川。河畔に通路が設けられている）

写真 2-34　川沿いのリバー・ウォーク：横浜のいたち川
〔単断面の川の両岸に土を寄せて植生を復元した川（初期の多自然型川づくりの例として）として知られる。河畔にはリバー・ウォークが設けられている〕

写真 2-35　川沿いのリバー・ウォーク：横浜の阿久和川
（川の中に下りて水際を散策できる通路を部分的に整備。高齢者・障害者の河川利用にも配慮した初期の事例。周辺の福祉施設との連携などには課題がある）

写真 2-36　川沿いのリバー・ウォーク：北九州の紫川 （河畔と川の中の通路）

写真 2-37　川沿いのリバー・ウォーク：大阪の道頓堀川
（川の上下流に水門を設けて水位を一定に制御し、川の中の水面近くに通路を整備）

写真 2-38　川沿いのリバー・ウォーク：名古屋の堀川①
〔河畔通路。通路は石張りとなっている（バリアフリーではない）〕

第 2 章　河川の整備、管理の実態　69

写真 2-39　川沿いのリバー・ウォーク：名古屋の堀川②
(左：掘込み河川で川の中の通路は低い位置にあり、階段で下りることになる、右：河畔と川の中の通路)

写真 2-40　川沿いのリバー・ウォーク：東京の渋谷川下流
(渋谷川下流の古川の麻布十番付近。一部箇所で川の水面に近づける場所を設けている)

写真 2-41　川沿いのリバー・ウォーク：東京の神田川
(椿山荘付近の河畔通路。ここは河畔公園となっている)

写真 2-42　川沿いのリバー・ウォーク：高知の鏡川①
（左：川の中の通路、右：堤防上の通路）

写真 2-43　川沿いのリバー・ウォーク：高知の鏡川②
（掘込み河川のため、川の中の通路には急な階段や坂路から入る必要がある）

写真 2-44　川沿いのリバー・ウォーク：シンガポール川（シンガポール）

第 2 章　河川の整備、管理の実態　　71

写真 2-45　川沿いのリバー・ウォーク：上海の黄浦江と蘇州河
（中国。左：黄浦江の堤防上の通路、右：蘇州河沿いの通路）

写真 2-46　川沿いのリバー・ウォーク：北京の転河
〔中国。転河（高梁河ともいう）の河畔通路。水際には船着き場が設けられ、河畔は緑地となっている区間〕

写真 2-47　川沿いのリバー・ウォーク：ソウルの清渓川
（かつて平面道路と高架道路に覆われていたが、復元された。川の中と河畔に通路が設けられている）

写真 2-48　川沿いのリバー・ウォーク：パリのセーヌ川
〔左：川の中の通路（護岸壁の際には植樹がなされている）、右：河畔通路（シテ島の直上流）〕

写真 2-49　川沿いのリバー・ウォーク：ローマのテヴェレ川
〔左：川の中の通路、右：河畔の通路（並木のある通路となっている区間）〕

写真 2-50　川沿いのリバー・ウォーク：ロンドンのテームズ川
〔左：ビクトリア・エンバンクメント側の河畔通路、右：対岸のシティホール側の河畔通路〕

第 2 章　河川の整備、管理の実態　73

写真 2-51　川沿いのリバー・ウォーク：イギリスのマージ川
〔左：再開発されたかつての運河のドック地の水辺の河畔通路、右：運河沿いの通路（フットパス）〕

写真 2-52　川沿いのリバー・ウォーク：ケルンのライン川
（河畔の高速道路を地下化してそこを河畔公園とした区間の河畔通路）

写真 2-53　川沿いのリバー・ウォーク：ボストンのチャールズ川
〔左：ボストン都心部を空から望む（左下がチャールズ川、右上がその下流部でボストン港と呼ばれている）。右岸側のバックベイ地区には河畔公園があり、リバー・ウォークが整備されている、右：対岸の左岸側（マサチューセッツ工科大学側）にもリバー・ウォークが整備されている〕

写真 2-54　川沿いのリバー・ウォーク：サンアントニオ川
〔旧河川の蛇行部分をショートカットして残された河川区間を中心に、水位を一定に制御して水際に通路を整備。レストラン、ホテルなどが立地し、にぎわいのある空間となっている。水面には遊覧船が就航している。都市の中の河川を生かす必須の装置としてのリバー・ウォークと舟運とを実感できる代表的な事例である〕

写真 2-55　港岸沿いのハーバー・ウォーク：ボストン港岸
〔ボストン港は、チャールズ川の下流部分（エスチュアリーと呼ばれる部分）である。ボストン港はその外側のマサチューセッツ湾につながっている。そのボストン港岸には、市民の水辺へのアクセスを可能とするハーバー・ウォークが整備されている[3]〕

るとともに川を水面から体験する。水の都タイのバンコク（約 1,000 万人都市）を貫流するチャオプラヤ川では観光、通勤・通学、渡しなどで年間約 8,000 万人が乗船し、水の都を実感する。都市の中で河川空間を生かす装置として、このような舟運の再興・振興が期待される。観光舟運の再興・振興には、民間の採算努力とともに、船着き場や船の係留場所（船の置き場）の整備についての公的な支援なども行われてよいであろう。

また、徳島の新町川では、市民団体（NPO 新町川を守る会）の運航する遊覧船に、地元市民や観光客が年間約 4 万人も乗船する。この活動は川と都市を結びつけるとともに水の都徳島の形成の原動力となっている[8),11)]（**写真 2-56 〜 2-58**）。

第 2 章　河川の整備、管理の実態　75

写真 2-56　舟運により河川が利用される例：徳島の新町川

写真 2-57　舟運により河川が利用される例：東京の隅田川

写真 2-58　舟運により河川が利用される例：大阪の大川、道頓堀川（左：道頓堀川、右：大川）

参考文献

1) 吉川勝秀：人・川・大地と環境、技報堂出版、2004
2) 砂田憲吾編（吉川勝秀共著）：アジアの流域水問題、技報堂出版、2008
3) 吉川勝秀：流域都市論、鹿島出版会、2008
4) 吉川勝秀編著：河川堤防学、技報堂出版、2008
5) 国土開発技術研究センター編（編集関係者代表：吉川勝秀）：改定 解説・河川管理施設等構造令、技報堂出版、2008
6) 河川管理技術研究会編（研究会代表：吉川勝秀）：改訂 解説・工作物設置許可基準、山海堂、1998
7) 吉川勝秀：河川流域環境学、技報堂出版、2005
8) 三浦裕二・陣内秀信・吉川勝秀編著：舟運都市、鹿島出版会、2008
9) 吉川勝秀：流域連携—四半世紀の歩み—（論説）、季刊 河川レビュー、No.141、pp.4-11、2008.4
10) 岡　並木：舗装と下水道の文化、論創社、1985
11) 吉川勝秀編著：都市と河川、技報堂出版、2008
12) 石川治江・大野重男・小松寛治・吉川勝秀編著：川で実践する福祉・医療・教育、学芸出版社、2004
13) 吉川勝秀編著：川のユニバーサルデザイン、山海堂、2005
14) 吉川勝秀編著：多自然型川づくりを越えて、学芸出版社、2007

第3章
河川利用のルール

　河川は国有地であり、国民共有の資産である。その空間は、国民の自由使用が原則である。その河川敷地を特定の目的で利用することを占用という。例えば河川敷地が公園として占用されると、他の利用を排除することになる。そのような河川敷地の占用については、一定のルールがある。また最近は、河川ごとに河川利用や環境にかかわる計画をあらかじめ定め、その計画に基づいて占用を許可するようになりつつある。

　この章では、河川敷地の利用に関して、河川法に基づく占用許可のルール、これからの方向としての計画に基づく許可、さらには河川占用の優れた例について述べる。

3.1　治水上の理由——このルールを踏み外すことはない

　河川敷地の公園や運動場などの占用に関しては、必ず満たさなければいけない条件がある。その代表的なものが、洪水の流下に支障を及ぼさないという治水上の条件である。

（1）　治水上の支障
　占用（占用に伴う河川敷地の盛土などの地形改変や工作物の設置なども含む）により、河川の治水上の問題を生じさせるものは許可されない。
　治水上の支障とは、洪水の流下を妨げ、その地点や上下流で洪水の氾濫の危険性を現在よりも高めるものを指す。その判定は、定性的なものでもよいが、必要に応じて水理解析により推定する場合がある。占用で人為的に洪水氾濫の危険性を増大させた場合、水害裁判などの判例では、定性的な理由（事由）で判断され

る場合があることから、定性的なものでも管理の瑕疵（かし）となることもあり得る。このことからも、治水上の支障がある場合は、それを解消する措置を講じないと占用は認められないし、認めるべきでないとされている。

　この判断は、個々の占用による治水上の影響は小さくとも、同様あるいは類似の占用（土地改変、工作物の設置）が一連の河川区間内で多くなると、その影響も累積して大きくなるため、厳しくなされるべきである。

（2）　治水上の支障の判断

　治水上の支障、すなわち洪水氾濫の危険性の増大が実際に検証されるのは、氾濫が生じるような大洪水が発生した時である。その時点になって初めて検証されるが、占用の許認可においては、それをあらかじめ予測して判断されることとなる。

　具体的には、以下のような治水上の支障が想定される。

① 河川内の占用により設置される施設などにより、洪水の流下能力を減少させ、洪水水位が上昇すること。
② 河川内の占用により設置される施設などにより、洪水流の方向などが変わり、堤防などに支障が生じること。
③ 河川内の占用により設置される施設などが洪水で流出し、下流の橋梁や堰、河川堤防などの河川管理施設に損傷を与える可能性があること。
④ 堤内地側（人の住む側）の堤防のり尻への施設の設置により、洪水の漏水の可能性が高まること。
⑤ 堤防上への植樹などにより堤防が弱体化（風による樹木と堤体部分の倒壊など）すること。

　占用により氾濫が生じ、あるいは占用の許認可により氾濫が助長された場合は、その許認可を行った河川管理者（国の国土交通大臣、都道府県の知事）が訴えられることもあるであろう。したがって、それを想定した上で許認可を行う必要がある。なお、占用許可に起因した水害裁判はないが、河川の設置・管理の瑕疵により河川管理者が敗訴した例がある。例えば、第1章で述べたように、上流区間の河川幅を広げ、その区間の下流端で氾濫が発生した事例、新しい堤防を設ける工事において旧堤防を切って、その土により新堤防を設けていて氾濫が生じた例、洪水で損傷が出ていた護岸の改良復旧をしないで原形復旧し、その後のさらに大きな洪水で河岸が浸食・流失した例などである。これらの判例からみて、占用により人為的に洪水氾濫の危険性を増大させた場合には、河川管理上の瑕疵が問われても不思議ではないであろう。なお、広島の馬洗川での水害裁判では、

堤防上の樹木が台風時の風により振動して堤防決壊の原因になったとの議論があった。

(3) 不適切な利用と治水上の支障

20世紀の後半の時代には、治水上の支障を理由に、河川管理者が占用を許可しなかった事例が数多くあった。このため、河川管理者は頑迷であるとの批判がなされた。

そのような不適切な占用申請の例としては、川に蓋をしてその上を駐輪場にする、河川や河畔の上空に高架道路などを設ける、河口部に川幅を狭めるように海側の埋め立てをする、さらにひどい事例としては河川堤防上に民間の建物を建てる、あるいは堤防上に搬入道路を設けるといった要請、申請などがあった。

河川に蓋をすると、蓋をした部分が大洪水時の氾濫の危険性を高める可能性がある、将来の洪水の処理能力を高めるための河川の改修の支障になる、などが占用許可をしない（不適切とする）理由であった。高速道路などの河川占用に対しては、例えば、河岸や堤防上にあり、あるいはそれらに近接して橋脚が設置される場合には、地震時に河岸や堤防に損傷が生じる可能性があり、それにより洪水氾濫の危険性が高まること、河川の中に上下流に連続して設置される橋脚により洪水時の水位上昇が生じることなどが不適切との理由とされた。このような占用申請は、担当行政部局と河川管理者との協議・調整を超え、政治家の介入（河川管理者への政治的な圧力）もあって、国会などでも占用許可についての議論がなされたこともあった。

(4) 計画に基づく許認可

上述の河川への蓋かけや高速道路などの占用は、治水上の理由のみならず、本来は河川の占用としても不適切なものである。その不適切なものを政治的な圧力などで占用しようとすることに問題があった。筆者は、全国の河川管理にかかわる行政（当時の建設省）担当者として、全国のそのような占用の協議にかかわった。そのような経験をしつつ、河川占用は、河川の利用と環境などの管理計画をあらかじめ定めておき、その計画に基づいて行うべきであると強く感じた。

そのころ（1980年代）から、全国の国の直轄河川で河川環境管理基本計画（その空間管理計画）が策定されるようになり、この計画にその河川空間の利用と環境保全などの姿をあらかじめ定めておき、その計画に基づいて許認可の判断をすることとして、占用許可の判断の適切化を進めてきた。

（5） 頑迷な河川管理が残したもの

多くの場合、河川空間は、周辺に比較して自然が豊かである。このため、都市域や地方で最も自然のある連続した空間となっている。これは、河川空間が国有地であり、周辺の民有地のように開発されることがなかったこと、占用許可のルールにより利用が限定されていたことで自然が保全されてきたためである。

また、河川管理者が頑迷といわれつつも不適切な許認可はしなかったことで、結果として多くの河川空間が守られた側面があることは知られてよいであろう。さもなければ、さらに多くの河川で上空や河畔を道路に占用されることになったであろう。また、河川堤防上や河岸での道路の占用許可において、阻害された河川環境を補う措置を求めたことで、環境復元がなされたこともある。例えば、荒川下流左岸側では河川の再自然化、復元が行われているが、それは河川に縦断的に設けられた高速道路の河川環境の阻害を補う措置として、費用を負担してもらったものである。

その一方で、河川の許認可に時間がかかることなどが問題となり、その是正が規制緩和の側面から強く求められるようになった。その対応として、河川占用の許認可の申請を受け付けてから一定期間内に判断すること、認可しない場合にはその理由を明示することがルール化された。

（6） 不適切な占用申請への対応

不適切な申請に関しては、その経験を踏まえて、申請者と占用の内容、さらには占用許可をめぐってなされた議論、各種の圧力（政治家や威圧的な人々などの圧力）などは、積極的に情報公開をすべきではないかと考える。これまでは、それらを公開しないため、許認可権者（河川管理担当者）に圧力をかけるなどの行為が生じてきた。また、行政担当者に圧力をかけるなど、危険を伴う申請に関する打ち合わせ・協議は、隔離された場所で行うべきでなく、多くの行政担当者がいる場所で行う、場合により警察官に立ち会いを依頼することもあってよいであろう。そのような現場での対応の経験を踏まえると、河川占用の許認可にかかわる議論などの公開と対応上の知識の普及に期待したい。

3.2 公的な占用主体

我が国の河川は、明治時代に「土地は私有、水は公有」の決定がなされ、今日、その空間は国有地であり、市民の共有財産となっている。

その河川空間を一定の目的で占用する主体は、私人であってはならない。その占用主体は基礎自治体など公的な主体でなければならないとする原則がある。それは、他の国有地の場合と同様に個人の私的利用や営利活動に使用させることはないという原則である。通常は国有の河川敷地が払い下げられる予定はないので、今後ともこの原則は適用されてよい。

なお、歴史的な経過の中で、河川敷地には、法律により自動的に国有地となった部分（流水の存する部分で私権が抹消された部分）、堤防敷地のように国により買収された部分、そして堤防と堤防との間にあって法的に河川区域となったが民有地である部分（流水が存する場所と堤防との間の部分。この部分の私権を抹消された河川、抹消されていない河川があり、都道府県によって異なる。抹消されなかった河川では国などにより買収されたものが多い）がある。河川占用は、堤防と流水の存する場所との間で、高水敷で行われるのが普通であり、流水の存する場所や堤防上の占用は治水上の理由から、一般には認められないのが普通である。

3.3 河川敷地占用の弾力化での原則

一般原則により河川占用許可がなされた時代において、長い間、不適切な占用を認めないために、前述した治水上の理由と公的な占用主体の原則が厳格に適用されてきた。このため、河川管理者は頑なであるといわれてきた。それにより河川敷地の私的な占用を排除し、また、治水上の理由から道路の河川占用などが排除され、河川敷地が守られてきたといえる。

近年は、ヨーロッパの運河などを参考に、河川敷地（河畔）のレストランやカフェなどの占用を求められることがある。このような河川占用は、日本的なものではないうえ、一般的に運河は河川のように洪水という治水上の問題がないのに対して、日本の川では洪水の危険がある。また、そのような占用により水辺のにぎわいが出るかどうか、占用が経済面で継続できるかどうかといった課題もある。そのような占用に対する弾力的な許可は、治水上の理由と公的な占用主体の基本原則の下で、社会実験などを行いつつ進められるべきであろう。

河川敷は、時々の一部の意見や要請に応じて、原則なく切り売り的に占用を認めることは適当でないであろう。ある場所で許可された占用は、多くの場合、他にも波及していくことになる。

また、河川舟運に関して、防災船着き場などを使用して民間の船を就航させた

いと要望されることがある。これは日常的に利用されている船を防災時にも活用できることからも、船着き場の使用のルール（柵がある場合の鍵の管理、利用の仕方など）を定めて、公的な性格を持つ市民団体、NPO、協会などに開放されてよいであろう。個人のボートなどの占用（河川内係留）については、公的な主体のルールを満たし、治水上の理由（洪水流れへの支障、ボートが洪水で流されて下流の橋や河川管理施設などに衝突する支障、氾濫とともにボートが流出して衝撃を与えることなど）を満たさない限り無理がある。そのような個人ボートなどの係留は、河川外、あるいは洪水の問題がなく確保される河川外の水面（民間の運河、係留を前提に整備された場所、運河、港など）などで行われるべきであろう。欧米の河川についてみても、運河などへの船の係留はあるが、洪水の流れる公有河川内での個人所有のボート（プレジャーボート）の係留の例は一般的でない。

3.4 歴史的な経過からの占用への対応

歴史的な経過から、現在のルールでは認められない占用が継続している例がある。例えば、民間のゴルフ場、運動場、河川区域内での屋形船の係留などである。また、完全に不法なものとして、河川内への個人所有のボートの係留などである。中には、河川に張り出した建物などもある。

河川占用は、一定の期間内で許可されているものであり、現在の時点でみて不適切なものは、時代の推移に応じて占用更新時に改善されてよい。不法なものについては、それがある期間にわたって行われてきたものであっても、不法は不法であり、排除されるべきであろう。継続された不法は、それを合法化する理由にはならない。不法占用の排除を行わないことは、管理者・公務員の不作為として、問題とされてよいであろう。

河川ではないが、同様に国有地である皇居の外堀には、占用許可を得ないで長期にわたり公有水面上や公有地を占用し続け、国民の財産である土地を不法に私的な営利行為に利用している水上レストランやボート乗り場などがある。不法占用者は、長期にわたって占用してきたことをもって、不法占用を正当化する主張をしているが、それは理由にはならない。そのような不法占用は、たとえ訴訟になっても、行政はそれを受けて立ち、排除すべきである。将来、再びその水辺をレストランやボート乗り場などに利用する場合でも、それは公的なものとして行われるべきである。運営主体や水辺・水面の占用の形態も適切なものとすべきである。

3.5　無理な占用の発展的な解決策

　河川占用の要請において、治水上の理由などから無理のあるものがしばしばある。例えば堤防上への植樹である。これは、前述の広島の馬洗川での水害裁判で、堤防上の桜が台風で振動し、堤防決壊の原因となったと議論された例、あるいは伊勢湾台風で樹木のある堤防が決壊した例などから、治水上の問題がある。このような場合、地元の基礎自治体などが堤防の外側（堤外側＝人の住む側）に堤防に沿って土地を取得し、そこに堤防に腹付けするように盛土を行い、その上に植樹することで、堤防も強化され、水防活動時の拠点、安全な避難場所とすることができる（3.8（4）の「桜づつみ」、「川の一里塚」参照）。

　河川公園の整備に関して、拠点となる恒久的な建物の建設や良好なトイレの整備、駐車場所の整備などを行う場合、基礎自治体などが堤内地側に土地を取得することで、それらの整備を可能とするとともに、堤防を越えていくと公園があるという、まちや地域と分断された形ではなく、まちや地域と連続して堤防の中と外を一体化した良好な公園を整備することが可能となる（第4章の事例参照）。

　このように、無理な占用を解決する方法として、積極的に河畔に土地を確保することで、よりよい占用とすることがある。

3.6　「河川敷地占用許可準則」での占用許可

　河川敷地の占用についての一般的な利用許可の規則に、「河川敷地占用許可準則」がある。国土交通省（旧建設省）の事務次官通達として示されたものであり、占用可能な用途などが示されている。

（1）　河川敷地占用許可準則の概要

　「河川敷地占用許可準則」（1965年通達。2005年改正）は、かつては簡素なものであったが、時代とともに占用主体や占用許可施設などの記述を追加するとともに、許可の可否を判断するための内容が具体的に記述されるなど、変化してきている。

　現在（2008年）の「河川占用許可準則」は概ね以下のようである。

（a）　占用許可の基本方針

　基本方針として、以下のことが認められる場合に許可できるとしている。
　① 許可され得る占用主体であること

② 満たすべき条件（治水・利水上の支障がないこと、他の利用者の利用を著しく妨げないこと、河川整備の計画などとの調整、河川およびその周辺の土地利用の状況、景観その他自然的および社会的環境を損なわず、かつ、それらと調和したものであること）を満たすこと
③ 河川敷地の適正な利用に資すること
④ 公共性の高いものを優先すること、公共性の高い事業に支障を及ぼさないこと

（b） **占用主体**

占用の許可を受けることのできる者は、以下のような公共団体や公的な団体であり、私企業や個人は占用主体とはなり得ない。

① 国または地方公共団体（道路管理者、都市公園管理者、下水道管理者、港湾管理者、漁港管理者、水防管理者、地方公営企業などを含む）
② 日本道路公団、都市基盤整備公団、地方公社などの特別な法律に基づき設立された法人
③ 鉄道事業者、水上公共交通を担う旅客航路事業者、ガス事業者、水道事業者、電気事業者、電気通信事業者、その他の国または地方公共団体の許認可などを受けて、公益性のある事業または活動を行う者
④ 水防団体、公益法人、その他これらに準ずる者
⑤ 都市計画法（昭和43年法律第100号）第4条第7項に規定する市街地開発事業を行う者、または当該事業と一体となって行う関連事業にかかわる施設（以下「市街地開発事業関連施設」という）の整備を行う者
⑥ 河川管理者、地方公共団体などで構成する河川水面の利用調整に関する協議会などにおいて、河川水面の利用の向上および適正化に資すると認められた船舶係留施設などの整備を行う者

ただし、準則に規定する占用施設を設置することが、必要やむを得ないと認められる住民、事業者などおよび準則に規定する占用施設を設置することが、必要やむを得ないと認められる非営利の愛好者団体なども、それぞれ当該占用施設について占用の許可を受けることができるとしている。

（c） **占用施設**

占用施設は、この準則に列挙されている施設としている。

① 以下に列挙される施設、その他の河川敷地そのものを地域住民の福利厚生のために利用する施設
　・公園、緑地、または広場
　・運動場などのスポーツ施設

- キャンプ場などのレクリエーション施設
- 自転車歩行者専用道路

② 以下に列挙される施設、その他の公共性または公益性のある事業、または活動のために河川敷地を利用する施設
- 道路または鉄道の橋梁（鉄道の駅が設置されるものを含む）またはトンネル
- 堤防の天端または裏小段に設置する道路
- 水道管、下水道管、ガス管、電線、鉄塔、電話線、電柱、情報通信または放送用ケーブル、その他これらに類する施設ケーブル
- 地下に設置する下水処理場や変電所
- 公共基準点、地名標識、水位観測施設、その他これらに類する施設

③ 以下に規定する施設、その他の地域防災活動に必要な施設
- 防災用などのヘリコプター離発着場や待機施設
- 水防倉庫、防災倉庫、その他の水防・防災活動のために必要な施設

④ 以下に規定する施設、その他の河川空間を活用したまちづくりまたは地域づくりに資する施設
- 遊歩道、階段、便所、休憩所、ベンチ、水飲み場、花壇などの親水施設
- 河川上空の通路、テラスなどの施設で病院、学校、社会福祉施設、市街地開発事業関連施設などとの連結または周辺環境整備のために設置されるもの
- 地下に設置する道路、公共駐車場
- 売店（周辺に商業施設がなく、地域づくりに資するものに限る）
- 防犯灯

⑤ 以下に規定する施設、その他の河川に関する環境教育または環境意識の啓発のために必要な施設
- 河川環境教育施設
- 自然観察施設
- 河川維持用具などの倉庫

⑥ 以下に規定する施設、その他の河川水面の利用の向上および適正化に資する施設
- 公共的な水上交通のための船着き場
- 船舶係留施設または船舶上下架施設（斜路を含む）
- 荷揚げ場（通路を含む）
- 港湾施設、漁港施設などの港湾や漁港の関連施設

⑦ 以下に規定する施設、その他の住民の生活または事業のために設置が、必要やむを得ないと認められる施設
　・通路や階段
　・いけす
　・採草放牧地
　・事業場などからの排水のための施設
⑧ 以下に規定する施設、その他の周辺環境に影響を与える施設で、市街地から遠隔にあり、かつ、公園などの他の利用が阻害されない河川敷地に立地する場合に、必要最小限の規模で設置が認められる施設
　・グライダー練習場
　・ラジコン飛行機滑空場
　・モトクロス場

　以上に規定された占用施設については、当該施設周辺の騒音の抑制および道路交通の安全の確保上、必要やむを得ないと認められる場合に限り、その施設と一体をなす利用者のための駐車場の占用を、条件を付して許可することができる。

　同様に、必要に応じて、施設利用者のための売店などを、また、公共的な水上交通のための船着き場については、料金所、待合所、案内板などを施設と一体をなす工作物としてその設置を許可することができる、としている。

(d) 治水上または利水上の基準

　工作物の設置、樹木の栽植などを行う河川敷地の占用は、治水上または利水上の支障を生じないものでなければならないとしている。この場合、占用の許可は、河川法第26条第1項または第27条第1項の許可と併せて行うものとするとしている。

　治水上の支障にかかわる技術的判断基準は、以下のように、河川の形状などの特性を十分に踏まえて判断するものとしている。

① 河川の洪水を流下させる能力に支障を及ぼさないものであること
② 水位の上昇による影響が河川管理上問題のないものであること
③ 堤防付近の流水の流速が従前と比べて著しく速くなる状況を発生させないものであること
④ 工作物は、原則として、河川の水衝部、計画堤防内、河川管理施設、もしくは他の許可工作物付近、または地質的に脆弱な場所に設置するものではないこと
⑤ 工作物は、原則として河川の縦断方向に設けないものであり、かつ、洪水時の流出などにより河川を損傷させないものであること

（e） 他の者の利用との調整などについての基準
　河川敷地の占用は、他の者の河川の利用を著しく妨げないものでなければならないとしている。

（f） 河川整備計画などとの調整についての基準
　河川敷地の占用は、河川整備計画その他の河川の整備、保全または利用にかかわる計画が定められている場合にあっては、その計画に沿ったものでなければならない。その計画において保全すべきとされている河川敷地については、その保全の趣旨に反する占用の許可をしてはならないとしている。

（g） 土地利用状況、景観および環境との調整についての基準
　河川敷地の占用は、河川およびその周辺の土地利用の状況、景観、その他自然的および社会的環境を損なわず、かつ、それらと調和したものでなければならないとしている。また、河川敷地の占用は、景観法に基づく景観行政団体が景観計画に許可の基準を定めた場合には、この基準に沿ったものでなければならないとしている。

（h） 占用の許可の期間
　占用許可の期間は、占用施設の種類に応じて10年または5年以内で、その河川の状況、占用の目的および態様などを考慮して適切なものとしなければならない。許可の期間が満了したときは、当該許可は効力を失うとしている。

（i） 占用の許可の内容、条件、監督処分など
　占用の許可は、当該占用の期間内に当該占用の目的を達成するために必要と認められる適切な内容のものとする。占用の許可を受けた者が法または許可条件に違反している場合、その他必要があると認められる場合においては、法に規定する是正措置の指示、監督処分などの措置を、状況に応じて適正に実施するものとするとしている。

（j） 継続的な占用の許可
　占用の許可の期間が満了した後に継続して占用するための許可申請がなされた場合には、適正な河川管理を推進するため、この準則に定めるところにより改めて審査するものとする。従前のまま継続して占用を許可することが不適切であると認められるときは、この準則に適合するものとなるよう指導するとともに、必要に応じて、従前よりも短い占用の許可の期間の設定、不許可処分などの措置をとるものとするとしている。

（k） 附　則
　・経過措置
　・社会実験

この準則にかかわらず、社会経済状況などの変化に柔軟かつ迅速に対応して、かつ地域の特性に即してこの準則を運用することを可能にするため、別途国土交通省河川局長通達の定めるところにより、社会実験が行えることとする。実験の結果については、適切に評価を行い、その結果をこの準則に反映させるものとするとしている。

(2) 準則の変化と計画に基づく許認可への転換

河川敷地の占用許可ルール（河川敷地占用許可準則）は以上のようであるが、占用許可を受けることのできる河川利用、施設などは近年大幅に追加されてきた。また、占用主体についても時代に応じて、公的性格の主体が追加されてきた。そして、社会実験を経て新たな占用の検討を行い、この準則に反映するとして、占用許可に幅を持たせるようになっている。

このような一般ルールでの河川敷地の占用許可がなされているが、既に述べたように、地域に認知され、あるいは地域参加で策定されたその河川の計画（河川利用、河川環境管理、河川整備などの計画）に照らして占用を許可することが重要といえる。一般ルールによる許認可から、計画に基づく許認可への転換が進められてよい。

3.7 「河川管理施設等構造令」による施設設置の許可など

河川への施設の設置に際しては、法律上の技術基準である「河川管理施設等構造令」（政令）[1]に示される最低限の基準を満たす必要がある。

この構造令には、橋梁、堰などの許可工作物の設置に関すること、そして河川管理施設そのものである堤防や床止め、水門などの設置・管理の基準（新設・改築時およびそれ以降の存続している間の基準）が示されている。

許可工作物である橋梁や堰については、歴史的にそれらが水害を激化させる原因となってきたことから、橋脚や堰の門柱の間隔、橋梁の橋桁下の高さなどを示し、洪水の疎通に支障とならないための最低基準が示されている。この基準は、高さに関しては計画洪水位や堤防天端との関係で決められ、また橋脚の間隔などは計画洪水流量に対応したものが示されている。橋梁や堰の設置には、その基準を満たす必要がある。

なお、河川管理施設については、堤防の高さや厚さなどの形状（天端幅、のり勾配）などが示されている。

この基準は1976(昭和51)年に制定されたものであるが、以下のような点について今後改正される必要がある。まず、「環境」が河川管理の目的に追加されたことから、護岸の設置あるいは河道形状の改変、さらには許可工作物の設置などについて、生態系を含む環境面の配慮事項が追加されてよい。それに加えて、氾濫原の人口・資産に応じた堤防（計画水位、余裕高、のり勾配など）、橋脚の間隔の見直し（現在は洪水流量に応じて間隔が決められているが、流量が小さくとも、河川上流部ほど流木や草が引っ掛かり閉塞する可能性が高いこと、また、下流域では現在のような流量規模に応じた幅は必要ないこと）、そして一般の基準以外のものについて、個別に審査してそれを認める条項（特別に認定し、許可する条項）の追加などが求められる。さらに、河川利用に配慮して、洪水時には水没するが、普通の日々に利用される河川内のリバー・ウォークの規定、堤防の河川管理用通路などについてのユニバーサルデザインの規定なども追加されてよいであろう。

3.8 計画に基づく利用へ
――河川環境管理基本計画、ふるさとの川、マイタウン・マイリバー、公園と一体化した計画など

　治水上の支障と「河川敷地占用許可準則」（当時）により、不適切な占用を排除した時代が長く続いた。それに政治などが介入したものも数多くあった。その結果として、例えば個人・企業による河川堤防上への建物の建設と利用、河川堤防上への搬入路の設置と利用がなされ、河川管理上の問題となった事例などもあった。都市の河川で上空や河岸を高架道路に占用された事例も多い。このように占用許可の一般的ルールのみによる許可の審査には限界がある。その問題を回避し、適切な占用を進める方法として、計画に基づく占用への転換が、20世紀末の知恵として出てきた。

(1) 計画に基づく許認可

　1980年代になって、河川の環境管理とともに計画的で適切な利用を推進するために、「河川環境管理基本計画」の策定を進めることとなった。この計画は、もちろん河川環境と河川利用の管理のためのものであるが、同時に、治水上の支障と「河川敷地占用許可準則」での占用可能な利用の例示に基づく一般ルールによる許認可から、河川ごとの保全や利用の「計画に基づく許認可」への転換を意

図して策定したものである。

計画に基づく許認可への転換の基本となる計画は、「河川環境管理基本計画」に加えて、計画が公表されて市民に承認されている場合には、「ふるさとの川」、「マイタウン・マイリバー」の計画、さらには基礎自治体の河川を含む地域づくり・都市計画などであってもよいであろう。

（2） 河川環境管理基本計画の占用許可での位置づけ

「河川環境管理基本計画」は、通常は河川の環境担当部局が中心となって沿川市町村などとともに策定することから、環境管理面のみで取り扱われることが多いが、この計画は河川の占用許可という面からも重要な意味を持つことを理解する必要がある。

計画に基づく占用許可の実際の運用について、以下のことを例示しておきたい。筆者が建設省（当時）の河川事務所長時代に、申請者の依頼を受けた社会派・良識派としてよく知られた政治家が、常識的にみても不適切な河川敷地の利用とそれに付随した砂利採取の許可を斡旋するため来訪した。その際、そのような申請は、国（建設省）と沿川市町村長などとともに策定した河川環境管理基本計画の利用、保全の方針と合わないものであり許可できないこと、また、方針に合わない占用を許可するにはその計画の策定を行った沿川市町村長全員の承認が必要であり、河川部局のみではその方針を曲げることはできないと説明したところ、その斡旋者はそれ以上の介入はしなかった（従来の「一般的ルールでの許認可」の方針から、「計画に基づく許認可」への方向づけを実務担当者として行った経験から、このような対応を行うことができた）。

（3） 堤防を取り込む河川利用

鬼怒川・小貝川（現在は利根川の支流[2)〜5)]）では、川を生かした地域づくりのため、河川の公園利用を積極的に進めることとした。公園は河川敷地のみでなく、その沿川の土地も一体的に利用できるものとするため、沿川市長村の合意の下に河川環境管理基本計画にも位置づけた。このことから、そのルールに則って沿川市町村が河川敷地の利用を計画し、占用の申請をして、整備を行った。これにより、河川敷地は、地域と分断されることなく、連続した空間として利用された（**写真3-1〜3-7**）。これらは、計画に基づく積極的な河川敷地の占用の例でもある。

第3章 河川利用のルール 91

写真 3-1 河川敷地と周辺の土地を一体的に整備・利用する占用①
〔栃木県さくら市氏家の鬼怒川。勝山城跡公園と連続し、堤防を挟んで河川敷内外を一体化した公園。この公園の堤内地側は霞堤の部分で、下水処理場と一体的に公園が設けられている。堤防を厚くした桜づつみ、堤内地側（人の住む側）の公園・駐車場、桜づつみ（日本初のものとして竣工）に至るエレベーターと陸橋などがある。左：桜づつみから河川敷地と上流側を展望、右：河川敷内の公園〕

写真 3-2 河川敷地と周辺の土地を一体的に整備・利用する占用②
（栃木県さくら市氏家の鬼怒川。堤防を挟んで河川敷内外を一体化した公園の桜づつみ）

写真 3-3 河川敷地と周辺の土地を一体的に整備・利用する占用③
〔栃木県真岡市の鬼怒川：自然教育センターと老人研修センター併設。左：鬼怒川と自然教育センター・老人研修センターの位置（矢印の場所。霞堤の堤内側にあり、堤防を挟まないで鬼怒川の河川敷と流れに出ることができる）、右：河川の利用風景〕

写真 3-4 河川敷地と周辺の土地を一体的に整備・利用する占用④
〔栃木県宇都宮市の鬼怒川：「川の海」。夏に川の中に土砂を寄せて「川の海」(プール状の場所)を設けて仮設的に利用。河畔には駐車場などを設けて川の中と外とを一体化して利用〕

写真 3-5 河川敷地と周辺の土地を一体的に整備・利用する占用⑤
〔栃木県二宮町の鬼怒川：河畔(堤防の人の住む側)の「川の一里塚」と河川公園。左:「川の一里塚」、右:河川内の公園(冬の利用風景)〕

写真 3-6 河川敷地と周辺の土地を一体的に整備・利用する占用⑥
〔茨城県下妻市の小貝川：河川・河畔公園。道路を付け替えて幅広い堤防を設け、そこに盛土するとともにネイチャーセンター(写真左の蝶の形をした建物。トイレ、会議場、レストラン、展望台など)という拠点を設け、堤防上の公園、河川敷内の大規模な花畑(写真右でネイチャーセンターの展望台より望む。幅の広い堤防上の公園の奥側、橋の手前の河川敷内にある)、運動公園、オオムラサキの森林公園などを一体的に整備して利用。川の堤内地側(人の住む側)には駐車場を設けている〕

第3章 河川利用のルール　93

写真3-7　河川敷地と周辺の土地を一体的に整備・利用する占用⑦
〔茨城県取手市藤代の小貝川：河川・河畔総合公園（河川敷内の大規模な花畑フラワーカナル、広場、モトクロス場などと堤防の幅を広げた桜づつみ、堤内側の運動場、テニス場、野球場と体育館）、小貝川ポニー牧場、介護予防施設・生き生きクラブなどがある。左は夏の川の利用風景、右はフラワーカナルの花祭りの風景〕

（4）堤防の幅を広げることによる河川利用

　上記の堤防を取り込む河川利用（広い面的な河川占用）と比較すると相対的に規模は小さいが、河川堤防を人の住む側に広げて盛土を行い、その上に桜を植えて育てる「桜づつみ」も鬼怒川・小貝川で全国最初の完成をみた（**図3-1、写真3-8、3-9。写真3-2**参照）。また、さらに規模は小さいが、河川堤防を人の住む側に広げて盛土をし、単調な河川堤防の地域との接点とし、かつ洪水時には水防活動や避難の場所とすることを意図した「川の一里塚」がこの二つの河川のオリジナルとして初めて設けられ、ほぼすべての沿川の基礎自治体で設けられた（**図3-2、写真3-10、3-11**）。これら2つの整備について、著者は前者のモデル事業

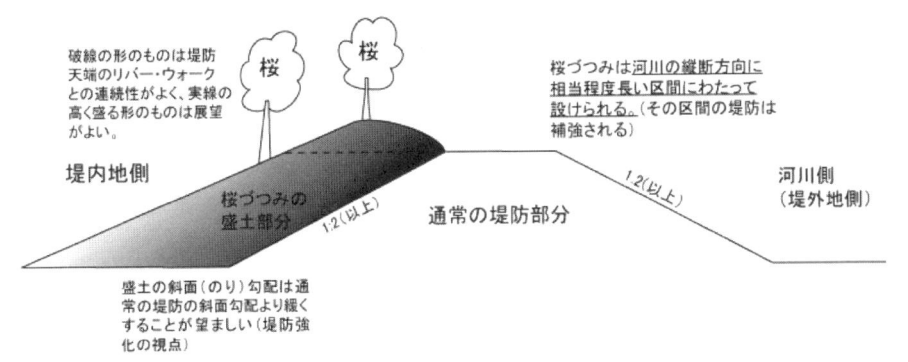

図3-1　桜づつみの概念図（このように幅を広げ、そこに桜を植樹した堤防を連続して設ける）

写真 3-8　河川敷地と周辺の土地を一体的に整備・利用する占用⑧
〔栃木県さくら市氏家の鬼怒川:「桜づつみ」。日本初の桜づつみとして、小貝川の藤代とほぼ同時に竣工した。左:桜の花咲く季節の風景、右:堤内地側(人の住む側)の駐車場から見た桜づつみ〕

写真 3-9　河川敷地と周辺の土地を一体的に整備・利用する占用⑨
〔茨城県取手市藤代の小貝川:「桜づつみ」(写真右上は、日本初の桜づつみの竣工を記念して、桜の女王を迎えての植樹式の風景)〕

化を担当し、後者については現場において発想し事業化した。「川の一里塚」については、その後、新潟の関川の災害復旧改良事業(筆者はその復旧改良計画の策定に事務局として関与)において、また江戸川などにおいても、形態は少し異なるが整備されている。江戸川の「川の一里塚」の場合には、河川堤防の幅を広げることなく設けられており、堤防の強度という面では浸透による堤防崩壊の危険性が高まっている(堤防浸潤によるすべり面に対して加重が大きくなっているため)。水防活動や避難の拠点という機能はあるが、前述の堤防敷地幅を広げて

設けられた「川の一里塚」のようにその強度、安全性は高まっていない。堤防の強化にはむしろマイナスではあるが、堤防の位置を示し、川の情報を提供するとともに、トイレや休息施設があるものとなっている(**写真 3-12**)。

河川敷地の占用許可は、このような積極的な河川敷地の占用を進めることも含めて、「一般的なルール」とともに現地に即した「河川の計画」に基づいて、衆人環視の下で、公開の場で判断し、進められるべきものであろう。

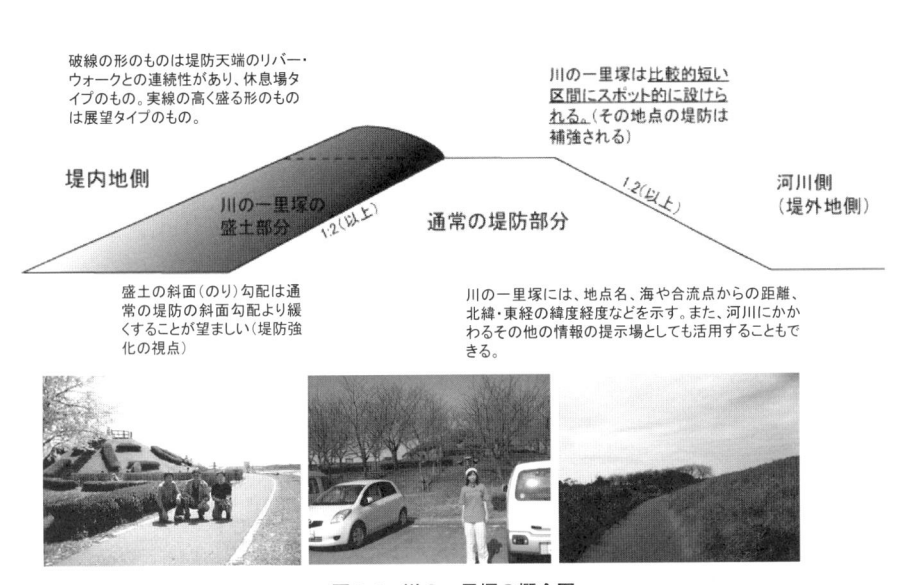

破線の形のものは堤防天端のリバー・ウォークとの連続性があり、休息場タイプのもの。実線の高く盛る形のものは展望タイプのもの。

川の一里塚は比較的短い区間にスポットに設けられる。(その地点の堤防は補強される)

堤内地側　川の一里塚の盛土部分　通常の堤防部分　1:2(以上)　河川側(堤外地側)

盛土の斜面(のり)勾配は通常の堤防の斜面勾配より緩くすることが望ましい(堤防強化の視点)

川の一里塚には、地点名、海や合流点からの距離、北緯・東経の緯度経度などを示す。また、河川にかかわるその他の情報の提示場としても活用することもできる。

図 3-2　川の一里塚の概念図
〔河川堤防にこのような断面の盛土をコブ状あるいは一定の長さに設ける。写真左:鬼怒川の二宮町の川の一里塚で、堤防上から見たもの、写真中・右:同じく堤内地(人の住む側)から見たもの〕

写真 3-10　河川敷地と周辺の土地を一体的に整備・利用する占用⑩
(栃木県二宮町の鬼怒川:「川の一里塚」。左は秋の風景、右は堤防の下の堤内地側の道路から見た風景)

写真 3-11　河川敷地と周辺の土地を一体的に整備・利用する占用⑪
(茨城県常総市水海道の小貝川):「川の一里塚」。左:堤内地側の道路から見た一里塚で、盛土により堤防を厚くしている、右:堤防上から見た一里塚で、小さな公園となっており、そこには利根川合流点からの距離、北緯、東経の緯度経度、標高などの情報も示されている。日本初の「川の一里塚」として竣工[3)]

写真 3-12　江戸川の「川の一里塚」(左:古ヶ崎、右:樋野口)

3.9　さらに将来を展望した利用
──健康・福祉・医療・教育、川のユニバーサルデザイン、都市での川からの都市再生

　河川の日常的利用、常設的利用については、今後さらに進められてよい。その際には、地方部の川では、従来の河川占用許可準則に示される運動場や公園などに加えて、①健康・福祉・医療面での利用、②教育面での利用、③それらの複合的な利用が考えられてよい。健康・福祉・医療面での利用は、高齢者・障害者を含む人々の日常の生活にかかわる利用であり、教育についても、時たま河川を利用するだけでなく、常設的な利用も考えられてよい(**写真 3-13～3-15、図 3-3**)。
　都市の河川においては、河川そのものの再生はもとより、河川の再生から都市

第 3 章　河川利用のルール　　97

写真 3-13　散歩、ジョギング、サイクリングなどに利用されている江戸川の堤防
（左：左岸側の千葉県松戸市、右：右岸側の東京都葛飾区）

写真 3-14　散歩、ジョギングなどに利用されている鏡川の堤防（高知）

写真 3-15　散歩、休息などに利用されている鶴見川（神奈川）

```
┌─────────────────┐         ┌───────────────────────────┐
│  従来の河川利用  │         │   これからの河川利用        │
│ ・運動場・ゴルフ場│   ⇒    │ ・教育面での河川利用        │
│ ・公園緑地       │         │ ・健康・福祉・医療面での河川利用 │
│ ・各種イベント的、│         │ ・日常的、常設の利用        │
│  時たまの利用   │         │                            │
│                 │         │ ・従来の河川利用            │
└─────────────────┘         └───────────────────────────┘
```

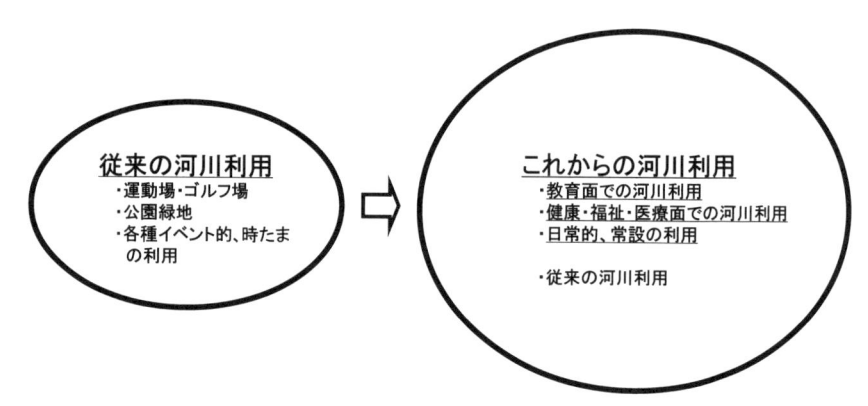

図3-3　従来の河川利用とこれからの健康・福祉・医療面での利用などの概念図

Ⅰ. 都市における河川再生、川からの都市再生モデル[2),6),8)]
　①河川の再生
　②河川および河畔の都市再生
　③道路撤去、河川および河畔の都市再生

Ⅱ. 都市における河川の再生、川からの都市再生の目指すもの

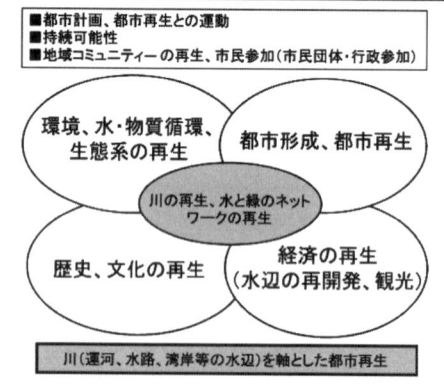

■都市計画、都市再生との運動
■持続可能性
■地域コミュニティーの再生、市民参加(市民団体・行政参加)

　　　　環境、水・物質循環、　　　都市形成、都市再生
　　　　生態系の再生
　　　　　　　　　川の再生、水と緑のネット
　　　　　　　　　ワークの再生
　　　　歴史、文化の再生　　　　経済の再生
　　　　　　　　　　　　　　　(水辺の再開発、観光)

　　川(運河、水路、湾岸等の水辺)を軸とした都市再生

図3-4　都市再生における河川再生、川からの都市再生の概念図

再生への展望の下での河川利用が考えられてよい。川の中の河川敷地とともに、河畔のリバー・ウォーク、河畔のポケットパークや河畔公園との連携が進められてよい。このような日本やアジア、欧米の事例を拙著『都市と河川—世界の「川からの都市再生」—』で紹介した[6)]（**図3-4**）。短期間で都市再生に大きなインパクトを与えたソウルの清渓川再生や北京の転河の川と都市再生の事例なども出現

している。また、歴史的に時間をかけて多くの人に利用されるようになったものとしては、サンアントニオ川のリバー・ウォークと観光舟運、川に面したレストランやホテルの立地などによる事例が挙げられる。

これからの高齢社会の時代も展望すると、川の整備・利用に関して、リバー・ウォークや河川施設についての川のユニバーサルデザイン（バリアフリー、ノーマライゼーションの視座も含めて）の常識化が必要である[2), 7)]。例えば、河川堤防への勾配の緩い進入路やエレベーターと陸橋、船着き場に下りるエレベーターの設置などである（写真3-16～3-18）。

散歩やジョギングなどの河川の自由使用を除くと、日常的・常設的な利用には、そのサービスの提供（遊覧・観光船の運航、河川敷でのポニー乗馬の提供など）にかかわる経営の採算性、設備投資や更新のための資金調達が重要である。この面での成功事例はあまりないが、公的な面からの資金調達や福祉などのサービスとの複合化などの工夫がいる（図3-5）。例えば、教育の事例では、栃木県真岡市の鬼怒川・自然教育センターがあるが、センター施設の整備にかかわる費用は、市の負担とともに工業再配置法にかかわる資金を調達し、毎年の運営費用は市が負担して日常的な河川利用を行っている。福祉・医療面での例では、「ケアポートよしだ」があるが、小規模多機能施設の整備では日本財団の費用を調達し、運営面では公的介護保険ができてからはそれを利用して運営している[2), 7)]。

以上の面で優れた事例を次章でより詳しく紹介したい。

初期投資・更新費 （建設投資＝基礎自治体の負担金＋補助金など）	①教育、青少年教育関係の利用では年々の経費の確保が容易でない。 ・栃木県真岡自然教育センターの経費は市が負担。 ・茨城県取手市藤代の三次元プロジェクトではポニー乗馬収入、市の補助金で運営。 ②福祉、医療関係の利用では、費用の負担は福祉、医療の経費による。 ・小規模多機能の島根県雲南市よしだの「ケアポートよしだ」では、現在は公的介護保険の経費による。 ・秋田県本荘第一病院での子吉川の医療面での利用は医療の経費＜病院の負担＞による。 ③常設での河川利用では、経費（初期投資、年々の経費）の確保、独立採算での運営が課題。
年々の経費 （運営経費＜サービス提供のための経費＞－利用料等の収入－基礎自治体の補助金、負担金－その他収入）	

図3-5　常設で日常的な河川利用の運営、採算

写真 3-16　河川堤防に至る勾配の緩い通路
（江戸川。左：左岸側の千葉県松戸市、右：右岸側の東京都葛飾区）

写真 3-17　河川堤防に出るためにエレベーターと陸橋を設けたさくら市氏家の鬼怒川河川公園
（栃木県さくら市氏家。左：桜づつみに出るエレベーターのある建物と陸橋、右上：桜づつみ、右下：施設内のエレベーター）

写真 3-18　市民団体が運航する遊覧船の船着き場に市が障害者用のエレベーターを設置した徳島市の新町川

参考文献

1) 国土開発技術研究センター・日本河川協会編（編集関係者代表：吉川勝秀）：改定 解説・河川管理施設等構造令、技報堂出版、2008
2) 吉川勝秀：流域都市論、鹿島出版会、2008
3) 吉川勝秀編著：人・川・大地と環境、技報堂出版、2004
4) 吉川勝秀：河川流域環境学、技報堂出版、2005
5) 吉川勝秀編著：河川堤防学、技報堂出版、2008
6) 吉川勝秀編著：都市と河川、技報堂出版、2008
7) 吉川勝秀編著：川のユニバーサルデザイン、山海堂、2005
8) 吉川勝秀：自然と共生する流域圏・都市の再生、都市計画（都市計画学会誌）、No2、Vol.58、pp.57-60、2009.5
9) 吉川勝秀編著：市民工学としてのユニバーサルデザイン、理工図書、2001
10) 河川管理技術研究会編（研究会代表：吉川勝秀）：改訂 解説・工作物設置許可基準、山海堂、1998
11) 吉川勝秀編著：多自然型川づくりを越えて、学芸出版社、2007

第4章
優れた河川利用の事例

　この章では、河川利用の優れた事例を紹介しておきたい。
　20世紀の中ごろ以降、すなわち戦後の河川敷地の利用は、既に述べたように、東京オリンピック後の国民の体力増強のための運動場が都市で不足していたこと、そして同様に公園・緑地が不足していたことから、河川敷地にそれらの設置が求められた。本章で示す事例は、それらの河川利用の中でも、本来の川らしい利用として優れているものである。
　どの事例も、河川空間が多面的に利用されているが、特に特徴的な面を中心に紹介しておきたい。

4.1　河川と公園を一体化させた整備と利用――恵庭市・茂漁川

　この事例は、河川敷地内のみではなく、周辺の土地と一体化させ、まちづくり、都市計画において河川を積極的に位置づけた河川利用である。
　北海道恵庭市の茂漁川では、公園と一体化することで川幅を広げ、自然のある河川に再生した。河畔にはリバー・ウォークを整備し、トイレなども設置している。公園と一体化したことで、川幅に余裕ができ、良好な自然のある川となった。そして、旧河川は、親しみのある自然豊かな水路として再生している（**写真 4-1 〜 4-4**）。
　この整備は、ふるさとの川モデル事業と思想が一致したため、その事業採択を受けて行われた。
　恵庭市では、整備に先立ち、都市整備の計画として「水と緑のやすらぎプラン」を策定した。それは川を軸に公園を配置し、恵庭と新興市街地の恵み野を結ぶ構想を持っていた。その構想の核の一つである茂漁川の整備により、この河川周辺

104

写真 4-1　再生前と再生後の茂漁川
〔公園と一体化して幅広い敷地が確保された河川。左：再生前の河川の形状（再生区間の上流に現存する改修前の河川の写真）、右：再生後〕

写真 4-2　リバー・ウォークを利用する人々

写真 4-3　川の中で遊ぶ子どもたち（NPO 水環境北海道提供）

写真 4-4　廃止せずに残された旧河川

は、恵庭市でも最も魅力的な場所となった。

　この河川の整備と利用を進める上で、志をもった行政マンが重要な役割を果たしてきた[1]〜[7]。荒関岩雄さん（恵庭市職員、当時）は、「水と緑のやすらぎプラン」の策定から、茂漁川の整備にまで関係し、北海道庁や市民活動と連携し、この河川と公園整備、そしてその利用を促進した。

　この事例の特徴としては、①河川公園とを一体化させて幅広い用地を確保し、河川を再生していること、②河畔にリバー・ウォークと休息施設（トイレなど）を設置したこと、③旧河川を自然豊かな水路として残し、その沿川の民家も水路を生かすようになっていること、④基礎自治体が中心となり北海道庁と連携して整備していること、⑤市民活動と連携し、利用促進を図っていることなどがある。そして何よりも、基礎自治体（恵庭市）が河川の構想を持ち、いわゆる河川管理者である北海道庁と連携して河川を整備したことである（河川整備は北海道庁、公園用地の取得は恵庭市）。

4.2　川の中と外を一体化した利用——鬼怒川・小貝川の6事例

　ここに取り上げる6つの事例は、そのいずれもが、基礎自治体が川の中だけではなく川の外側の土地を取得して一体化させて河川敷地を利用した積極的な河川利用であるといえる。

　従来の多くの河川敷地の利用は、河川の中だけに運動場や公園・緑地を整備して利用するものが大半である。堤防を有する河川では、河川にある運動場や公園・緑地に行くのに堤防を越えなければならず、河川は地域から隔離された空間となっている。

鬼怒川・小貝川では、河川を地域から隔離された空間ではなく、地域と連続した場として利用することとし、河川の中と外（人の住む側）の土地とを一体的に利用することをルールとした。沿川市長村長と国の事務所で申し合わせ、河川利用を進めてきた[1]。そのルールは、後に河川環境管理基本計画にも位置づけられている。

そのような河川の中と外とを一体化した利用は、鬼怒川では栃木県上河内村、氏家町（現さくら市）、河内町、宇都宮市、真岡市、二宮町（現真岡市）で、小貝川では茨城県下妻市、藤代町（現取手市）で大規模に行われている。以下では、それらのうちの鬼怒川のさくら市氏家、宇都宮市、真岡市、二宮町、小貝川の下妻市、取手市藤代の例を示すこととする。

（1）栃木県さくら市氏家の鬼怒川・河川公園

鬼怒川に面した丘陵（鬼怒川の浸食でできた場所。**図4-1**）の上にある勝山城址公園とその直上流の鬼怒川の広大な河川敷地、新たに整備した桜づつみ、そして堤防の外側（人の住む側）の河畔の土地とを一体化した公園を整備して利用している（**写真4-5**）。河畔（河川の外側の土地）からはエレベーターで堤防の上に出られる構造となっており、車いすの利用者らも桜づつみや河川敷地の公園を利用できるようになっている（第3章の**写真3-1、3-2、3-8、3-17**参照）。

この桜づつみは、全国第1号として竣工した。桜を植えた子どもの手形を埋め込み、桜の女王さんも参加して完成を祝う式典を実施している（**写真4-6**）。

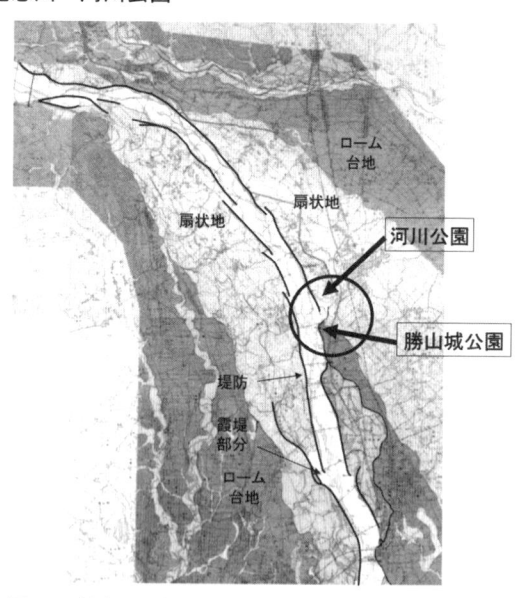

図4-1 栃木県さくら市氏家の鬼怒川河川公園のある場所の治水地形
〔鬼怒川が山間部から流下し、扇状地になる先端部にあり、勝山城のある台地の縁に支流が流れ込んでいるために霞堤となっている。その霞堤の堤内地（人の住む側）の土地と河川敷、ローム台地上の勝山城公園を一体的に利用〕

第 4 章　優れた河川利用の事例　107

写真 4-5　栃木県さくら市氏家の鬼怒川河川公園
〔左：桜づつみから左の勝山城のある丘と河川敷内の公園を望む（桜の花の咲いてない時期の写真）、右：河川内の公園（川幅の広いところに池を設けている。鬼怒川の流れはその奥側）〕

写真 4-6　氏家の桜づつみの植樹式の風景
(小貝川の藤代と同時期に日本初の桜づつみとして植樹式を実施。左：桜の女王さんの参加した植樹式、右：桜づつみから広大な鬼怒川の河川敷と河川内の公園を望む。この桜並木は、丘の上の勝山城の桜並木にまでつながっている)

(2)　栃木県宇都宮市の鬼怒川・「川の海」

　栃木県は海なし県であり、かつては鬼怒川で河水浴（川で泳ぐこと）が行われていた。その河水浴ができる場所として、今でも夏季には宇都宮で鬼怒川の砂礫に手を加えて、河水浴場を造成している（**写真 4-7**）。これは、基本的には自然の川そのものを利用しており、仮設的に河原の砂礫を移動させて流れが滞留する場所を設けている。それにより、広大な鬼怒川の流れは、海なし県の宇都宮市周辺の人々に、あたかも海水浴場のように利用されるようになった（第 3 章の**写真 3-4** 参照）。

写真4-7　栃木県宇都宮市の鬼怒川・「川の海」の風景

　この宇都宮市の鬼怒川の河畔には川の一里塚も整備されている。

（3）　栃木県真岡市の鬼怒川・自然教育センター（老人研修センター併設）

　栃木県真岡市では、鬼怒川の河畔（図4-2）に自然教育センターを設け、子どもたちに自然体験をさせている（第3章の写真3-3参照）。ここでの自然体験は、義務教育のカリキュラムに組み込まれており、正規の教育として行われている[1)〜6)]。真岡市では小学3年から中学3年の7年間にわたり、毎年約1週間(小学3年生は2泊3日、高学年からは4泊5日)、河畔の自然教育センターに宿泊して鬼怒川などで自然体験をする。体験するメニューは子どもたちが決め、高度な経験を持つ登録ボランティアの協力を得て活動を行っている。その活動としては、川遊びや水上アスレチック、いかだ遊びなどのスポーツ・レクリエーション、野鳥観察、天体観測、野草観察などの自然観察、農作業、福祉活動などの勤労生産活動、野外炊さん、まんじゅう作り、

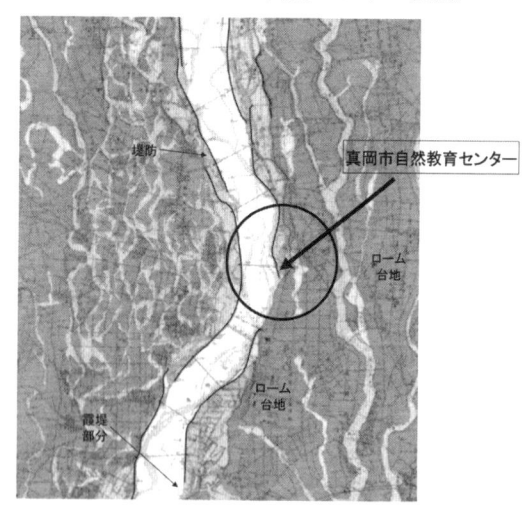

図4-2　栃木県真岡市の自然教育センターのある場所の治水地形
(堤防が丘陵地に近づく場所で、霞堤となって切れている場所で、堤防でさえぎられることなく川に出ることができる。川の中にも、旧河道跡の水たまりもあり、そこが夏季には子どもたちの水遊び場所となる)

こんにゃく作りなどの炊さん活動、ベーゴマ、どんど焼きなどの伝統活動、国際交流や環境教育などのテーマ学習が行われている（**写真 4-8、4-9**）。小学 3 年から鬼怒川で自然体験をした子どもたちは、夏休みにはいかだ下りで本流を下る。

写真 4-8　栃木県真岡市の自然教育センター
(左：旧河道跡の水たまりでの水遊び、右：高齢者と子どもとの交流。いずれも自然教育センター資料)

写真 4-9　夏休み最後のイベントのいかだ下りで鬼怒川本流に出た子どもたち

　自然教育センターには老人研修センターが併設されており、料理やゲートボール遊びなどを通して、子どもと高齢者が交流している。真岡市の子どもたちは、高齢者と会うとにっこり笑ってあいさつをするという。

　この自然教育センターは、菊地恒三郎市長（当時。約 20 年前）が、学校教育や社会教育、さらには家庭でも実行することが困難な部分を補完するための教育実践の場が必要と考え設けられた。自然教育センターを「第三の教育の場」と位置づけ、高齢者の生きがいセンター的機能も兼ねた総合センターとしていこうと実践されてきた[2]。菊地市長は、「川にはあらゆる教材がある」という（**写真 4-10**）。

写真 4-10 自然教育センター・老人研修センターでの子どもと高齢者の交流
(左:だんご作り、右:ゲートボール。いずれも自然教育センター資料)

(4) 栃木県二宮町の鬼怒川・「川の一里塚」公園

　鬼怒川・小貝川では、日々の暮らしの中で川と地域の結びつきを持たせ、洪水時には水防活動や避難の拠点となる「川の一里塚」を、1989(平成元)年より設置することとし、沿川市町村と国の河川事務所でその整備を進めてきた(図4-3、写真4-11)。この「川の一里塚」は、1986(昭和61)年の小貝川の大洪水で、堤防が決壊するような洪水時には、水防活動や河川巡視をしている人々の避難場所が必要なことを痛感したこと、そして平常時には単調な連続した堤防の目印となり、河川堤防と地域との接点となる場所

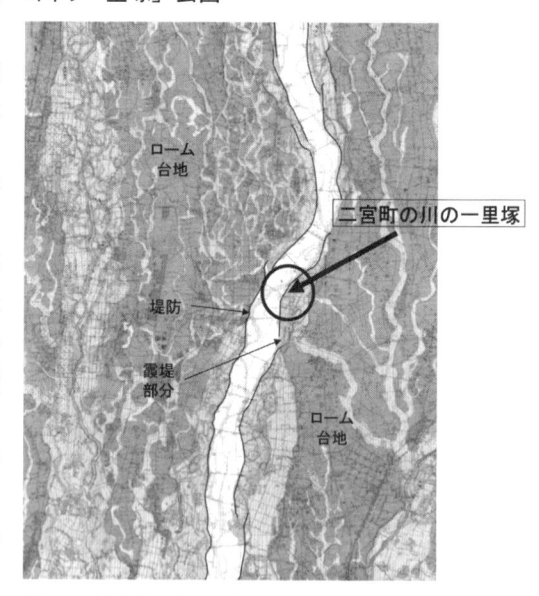

図4-3 栃木県二宮町の鬼怒川の「川の一里塚」のある場所の治水地形
(この場所の堤防は、鬼怒川の旧河道跡地の氾濫原にある。川はその上流で右岸側から左岸側に緩やかに蛇行している)

を設けることが必要と感じたことから、今岡亮司さん(建設省職員、当時)のアドバイスなども参考にして、筆者が提案して沿川市長村長と協議して進めたものであり、鬼怒川・小貝川オリジナルのものである。

　鬼怒川・小貝川での「川の一里塚」の整備のルールは、河畔の土地の購入は沿

第4章　優れた河川利用の事例　111

写真4-11　栃木県二宮町の鬼怒川の「川の一里塚」

川市町村が、堤防の盛土は堤防強化や水防活動・避難拠点の造成ということから河川事務所が、そして植樹などのうわものの整備と利用・管理は市町村が行うとした。

このルールで、沿川32市町村（当時）に順次整備を進めてきた。

そのような「川の一里塚」で最も立派で、かつ、最も利用されてきたのが二宮町の鬼怒川の「川の一里塚」である（**写真4-12**）。この「川の一里塚」の清掃や情報提供、利用が野沢百合子さんたちにより行われ、それをきっかけに、鬼怒川の河川敷地も祭りなどに利用されるようになった。日本一の「川の一里塚」である（第3章**写真3-5**、**3-10**参照）。

写真4-12　二宮町の鬼怒川の河川敷地利用の風景
〔左：冬の凧揚げ、右：ポニー乗馬（イベント）〕

（5）　茨城県下妻市の小貝川・河川公園

下妻市では、小貝川の河川敷地に花を植えて、フラワーベルトとしたところ、地域の人々に利用される場所になった。そして、川の堤防に沿った道路を移設し

て盛土し、その上に河畔の拠点施設（ネイチャーセンター）を設け、川の中と外とを一体的に利用している（図4-4、写真4-13）。川の中にはフラワーベルト（河川敷地内の花を植えて育てる場所）と自然の樹林（この公園のある部分は蛇行していた河道を取り込んで川幅が広い。旧河道の河畔にあった樹林が残り、その木が成長して茂っている）、拠点整備以前からの運動場、さらにはその上流にはオオムラサキが生息する樹林帯がある（写真4-14。第3章の写真3-6参照）。この場所は、小貝川の中流域の遊水地的な部分である。

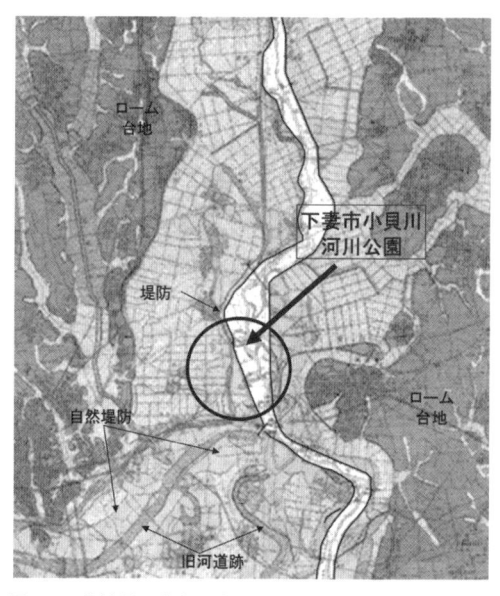

図4-4　茨城県下妻市の小貝川河川公園のある場所の治水地形
〔この場所は、かつて鬼怒川（その河道跡の現在の糸繰川）が小貝川に合流した直上流で、川幅がその上下流に比較して広く、河道内での遊水機能が期待される場所である〕

　この河川公園では、花祭り（フラワーベルト花祭り）を始めたころ、トイレがなかった。そこで、仮設のトイレ〔第一世代、堤外地（川の中）〕、常設の簡易水洗トイレ〔第二世代、堤内地（人の住む側）〕、よりモダンな水洗のアーバントイレ（第三世代、幅を広げた堤防の上）、豪華な水洗トイレ（第四世代、幅を広げた堤防上）、そしてネイチャーセンター内のきれいなトイレ（第四世代、幅を広げた堤防上のネイチャーセンター内）

写真4-13　下妻市の小貝川河川公園の河畔拠点施設（ネイチャーセンター）

写真 4-14 下妻市の小貝川河川公園の川の中の風景
〔左：運動公園とオオムラサキの森（上流側）、右：花畑広場（下流側）。いずれもネイチャーセンター上の展望台よりの眺望〕

へと河川トイレの改善を行ってきている。第三世代以降のトイレは現在も健在である。

(6) 茨城県取手市藤代の小貝川・総合公園

　小貝川は、稲作のめぐみをもたらすとともに水害をたびたび引き起こしてきた。茨城県藤代町（現取手市藤代）では、都市計画で、その小貝川をまちづくりの中心として位置づけた。そこでは、川の中と外とを一体的に整備する広大な総合公園を計画し、その整備を進めてきた。川の外（堤内地側。人の住む側）には野球場やテニス場、運動広場が、川の中には広場やサイクル・モトクロス場などが整備され、そして河川堤防は幅を広くして桜づつみとし、公園全体の中心部分にはさらに広大な築山を設けた。

　この総合公園を整備する前に、1986（昭和 61）年の大水害後から、市民団体により小貝川の河川敷地に花が植えられ、市民が花を楽しむフラワーカナルの活動（花を咲かすこと、花祭りの開催など）が行われてきた。桜づつみや総合公園の整備、さらにはその後の防災拠点の整備は、このフラワーカナルの活動とともに進められてきた（**写真 4-15、4-16**。第 3 章の**写真 3-7** 参照）。

　さらにその後、「大人も子どもも、高齢者も障害者も共に暮らす地域づくり」を目指し、小貝川の水面、陸地（河川敷地）、空を三次元的に利用する「小貝川・三次元プロジェクト」が、社会実験を経て常設、日常的利用に至った（**写真 4-17 ～ 4-20**）。これは、青少年教育 40 年の実績をもつ財団法人ハーモニィセンター（大野重男理事長 [1]～[6],[8]）の協力・参画を得て、そしてそれを支える市民の会（後に NPO 小貝川プロジェクト 21 になる）、そして藤代町（当時）により実現した。活動の拠点施設は介護予防の施設として設けられた生き生きクラブであり、河畔

写真 4-15 茨城県取手市藤代（旧藤代町）の小貝川フラワーカナル（花祭り）

写真 4-16 茨城県取手市藤代（旧藤代町）の小貝川総合公園
（左：体育館と公園中央の築山、右：フラワーカナル）

には小貝川ポニー牧場が設けられて、1年365日、"相手をしてくれる人がいる"場所となった。この実現には藤代町の行政マンの塚本昇さん(当時)の尽力があった。塚本さんは、総合公園の計画や整備とともに、三次元プロジェクトの立ち上げなどで、基礎自治体の職員として、前述の恵庭市の荒関岩雄さんと同様に尽力した。基礎自治体が河川の利用や整備の構想・計画を持ち、志のある職員がその実現に取り組むことで、優れた河川利用が実現される例といえる。

　鬼怒川と小貝川は、もともとは一つの川（鬼怒川）であり、現在は並行して流下している[1,9]。その約100kmの河川区間には、上に述べたような優れた河川利用の拠点的施設がある。それらの拠点的施設（河川空間という国有財産であるとともに地域の資産となっているもの）を地元で利用することに加えて、流域圏、広域圏で利用することは、この地域における今後の魅力的なテーマである。NPO小貝川プロジェクト21などとともに取り組みたいテーマといえる。

第 4 章 優れた河川利用の事例　115

写真 4-17　小貝川の「川の三次元プロジェクト」の風景①（水面利用）

写真 4-18　小貝川の「川の三次元プロジェクト」の風景②（陸地の利用）

写真 4-19　小貝川の「川の三次元プロジェクト」の風景③（空の利用）

写真 4-20　小貝川の「川の三次元プロジェクト」の風景④（左：高齢者乗馬、右：障害者乗馬）

4.3　都市の河川の利用
——河畔緑地、必須の装置としての川の中と河畔のリバー・ウォーク

　我が国の都市計画の初期のころ、東京緑地計画〔1939（昭和14）年〕では、東京首都圏を囲む緑地帯と、都心にくさび状に向かう緑地が計画された。そのくさび状の緑地は河川に沿ったものであり、行楽道路とともに計画されていた。その一つの石神井川では、保健道路が計画されていた（**図 4-5**）。この図にみるように、都市の中に河川空間が位置づけられ、河畔には保健道路と歩道、そして緑の植樹帯が計画されていた（しかし、都市計画者の見た川は、直立河岸の極めて人工的な水路となっている）[5]～[7]。

　河畔に緑地を配置することは、この東京緑地計画以降も行われ、戦災復興計画

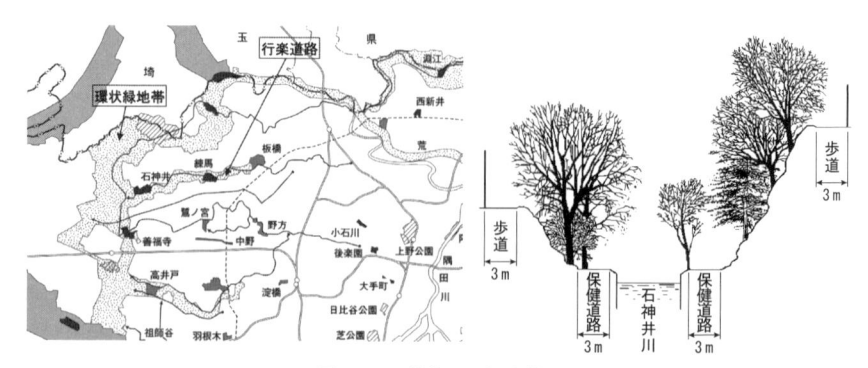

図 4-5　石神井川の保健道路
〔左：保健道路の平面図（東京緑地計画図より石神井川の部分を抜粋）、右：横断面図（再掲）〕

でも多くの都市で計画・構想された[5)~7)]。東京では、都政の消極的な取り組みとともに、占領軍が都市の再興に熱心でなかったこともあって、計画・構想は全く実現しなかった。

一方、広島では原爆で徹底的に破壊されたがゆえに、戦災復興計画が実現され、河畔に緑地とリバー・ウォーク（通路）が整備された（第2章**写真 2-33**参照）。

徳島の新町川も、戦災復興計画で河畔に緑地が確保され、リバー・ウォークが整備された数少ない事例である。徳島では、河畔緑地にリバー・ウォークが整備されるとともに、川の中にもリバー・ウォークが整備されている。そしてこの川では、市民団体（NPO新町川を守る会）により遊覧船が無料で運航されており、水面の利用も盛んである。都市と川とを結びつける舟運も、川からの都市再生の重要な装置である（**写真 4-21～4-23**）。

河畔にリバー・ウォークが設けられてよく利用されている河川としては、第3章で示したように、我が国では京都の鴨川、神戸の都賀川、大阪の道頓堀川、東京の隅田川などが、欧米ではパリのセーヌ川、フランクフルトのマイン川など、

写真 4-21　徳島・新町川の河畔公園（戦災復興計画で計画）と河畔のリバー・ウォーク

写真 4-22　徳島・新町川で川の中に設けられたリバー・ウォーク

写真 4-23　徳島・新町川の舟運〔左：河畔公園付近、右：徳島県庁付近（船上より）〕

アジアではソウルの清渓川、北京の転河などがある[4)〜7)]。東京首都圏では、隅田川を除くと、神田川や渋谷川、呑川など、ほとんどの河川で川の中にリバー・ウォークは設けておらず、河川空間も利用されていない。神戸の川と東京首都圏の川を比較すると、その違いが分かる。

六甲山地の扇状地にある神戸の都賀川では、2008年に降雨と出水で多くの人命が失われたが、東京の川はローム台地を流れるために勾配が緩く、出水も神戸の扇状地の川と比較すると緩やかである。川は洪水があることを認識し備えを持って利用すべきものであるが、東京の河川は今後さらに利用されてよいであろう。

なお、河畔にリバー・ウォークを設けてよく利用されている河川としては、上記の他に、我が国では恵庭市の茂漁川と漁川（これらの川のリバー・ウォークは、恵庭市の交通バリアフリー計画にも位置づけられている[3)〜6)]）、徳島の新町川（河畔公園のリバー・ウォークと市民が設けたボード・ウォークがある。**写真 4-24**）、北九州の紫川、広島の太田川の市内派川などが、欧米ではロンドンのテームズ川、ローマのテヴェレ川（河畔と川の中にリバー・ウォークがある）などが、アジアでは台湾・高雄の愛河、シンガポールのシンガポール川、上海の黄浦河、蘇州河などある[4)〜7)]。

河畔の緑地とともに、河畔のポケット・パーク、橋詰の緑地があるとさらに都市と河川の結びつきが高まる。さらには、徳島の新町川や名古屋の堀川などのように、河川を正面とした建物が立地するようになると、都市と河川がより密接なものとなる。

河川のリバー・ウォークとともに、舟運も都市と河川とを結びつける重要な装置である。東京の隅田川、徳島の新町川、大阪の道頓堀川（第2章 **写真 2-56〜2-58 参照**）や台湾・高雄の愛河（**写真 4-25**）、ロンドンのテームズ川やパリのセーヌ川、北京の転河（**写真 4-26**）などをみると、そのことが理解されるであろう。

第 4 章　優れた河川利用の事例　119

写真 4-24　徳島・新町川のボード・ウォーク（地元商店会が設けたリバー・ウォーク）

写真 4-25　台湾・高尾の愛川の河畔緑地（左）とリバー・ウォーク（中）

写真 4-26　北京・転河の河畔緑地・リバー・ウォーク・船着き場（左）と舟運（右）

4.4　教育面での利用①　——川にはあらゆる教材がある

　河川の教育面での利用で最も優れた事例としては、川の中と外を一体化した利用として例示した栃木県真岡市の鬼怒川・自然教育センターでの利用がある（**図4-2**、**写真 4-8 ～ 4-10** 参照）。それは、第三の教育の場として設けられ、義務教育に組み込むことで、市内のすべての小中学校で行われている[1)～6)]。

　「川にはあらゆる教材がある」という。そして、この自然教育センターには老人研修センターが併設されており、高齢者と子どもとが交流するなど、福祉とセットとなった教育もなされている。それが 20 年前から行われていることも、この事例の先見性を示している。

　一過性、イベント的な利用ではなく、河畔に拠点施設（自然教育センター、老人研修センター）を設けての、日常的な河川利用である。この拠点施設の整備と運営費用は、市が負担している。

　多くの視察があるが、自然体験を義務教育のカリキュラムに組み込むこと、さらには行政が費用を負担する必要があることなどもあって、他の地域では同様の取り組みにまでは至っていない。

4.5　教育面での利用②　——子どもも大人も、高齢者も障害者も

　青少年教育の観点からの河川の日常的、常設の利用として、これも川の中と外を一体化した利用として例示した茨城県取手市藤代の小貝川での取り組み、「小貝川・三次元プロジェクト」がある（**写真 4-15 ～ 4-20** 参照）。これは子どもも大人も、高齢者も障害者も共に暮らす地域づくりへの取り組みである。

　河川を水面、陸地、空の三次元で利用するこのプロジェクトは、行政（藤代町。当時）、財団法人ハーモニィセンター、市民団体（後に NPO 小貝川プロジェクト 21）が社会実験を経て実現させたものである。

　河畔に介護予防施設である生き生きクラブの建物を持ち、河畔にポニー牧場を設けて、1 年 365 日、いつ行っても相手をしてくれる人がいる河川利用である。ポニー乗馬などは有料であるが、青少年教育は独立採算で行うことは容易ではなく、持続していくのに必要な資金調達や採算性の確保など、経済面での課題の克服が必要である。これは、福祉関係では、公的介護保険導入後、サービスの提供に対価が支払われる流れがあるが、青少年教育ではそのような資金の流れがない。教育面での河川利用は、行政が費用を負担しないと、経済性、採算性と持続可能

性に課題がある。

　子どもの水遊びやボート体験、河畔でのポニー乗馬、気球体験などに加えて、大人や高齢者、障害者の乗馬なども同時に行われており、教育、健康・福祉などが複合した河川利用である。この取り組みは、栃木県真岡市の河川利用とともに、教育面を中心とした常設で日常的な河川利用として優れたものである。

　このプロジェクトの推進者である大野重男さんは、川と川での取り組みによる教育力を生かし、これからの教育改革として、全国の河川で「川べりの牧場学校」をつくり、子どもの教育を行うことを呼びかけている[8]。

4.6　教育面での利用③
——「川塾」、「水辺の楽校」と「川に学ぶ体験活動」

　教育面での河川利用では、上記の二つの事例のように日常的、常設の利用ではないが、年に数日、あるいは単発のイベントとして河川利用が行われてきている。

　その先駆的なものとして、北海道でNPO水環境北海道が行ってきた千歳川の「川塾」がある。毎年夏に、川にかかわる学習や自然体験を数日間で行ってきている。年々の活動の積み重ねから、これまでに川塾に参加した子どもが、後輩の面倒をみるようになっている。

　行政では、子どもが川に親しむきっかけとなる場所として、「水辺の楽校」という河川の整備をしてきている。

　また、国土交通省（河川局）、文部科学省、環境省の支援により、文部科学省の総合学習や子どもプランとも連携して、「川に学ぶ体験活動協議会」が活動している。全国の市民団体が参加する川での自然体験を指導する者への安全講習、河川体験のための道具の提供などを行っている。前述の大野重男さんが初代の協議会の代表であり、「川べりの牧場学校」と同様の理念で活動をしている[8]。

4.7　福祉面での利用 ——「ケアポートよしだ」

　福祉面での河川利用の優れた事例として、島根県吉田村（現雲南市）の「ケアポートよしだ」がある（第2章 **図2-4** 参照）。この小規模多機能の福祉施設は、地域の高齢化社会を展望し、地域の課題を軽減するために設けられた。公的介護保険が導入される以前から介護サービスを提供している。

検討会の委員長は日野原重明さん(聖路加国際病院名誉院長)であり、孤立した福祉施設ではなく、地域の生活道路を施設内に引き込んで、開かれた福祉施設として計画され、日本財団の支援を得て整備された。病院から退院して家に帰る前の一時期をこの施設で過ごしたり、あるいは一時的にこの施設に来て過ごし、家に帰ってもよい。また、一定期間滞在してもよいし、あるいはデイサービスとして利用してもよい。そのような小規模ではあるが、多機能の福祉施設である。

　この施設ができたことで、まちのなかった吉田村に、温かいまちができたといわれている。

　地域に開かれたこの施設は、保育所に通う子どもと親が施設内を通ったり、待ち合わせの場などとしても利用される。

　そして、この施設は水を生かしている。室内には温水プールがあり、子どもたちが水に親しむ場となっている。そして、この施設は深野川(斐伊川の支流)に面しており、施設利用者が川を眺め、そして川に出ることができるようになっている(**写真 4-27**)。そこは、隣接する保育所園児や小学生が利用する水辺でもある。

写真 4-27「ケアポートよしだ」での河川利用 (左：子どもの川遊び、右：高齢者の利用)

　この施設を計画し、建設・運営してきた板垣文雄さん(社会福祉法人よしだ福祉会事務局長)は、川があったことが、この施設にとってとてもよかったという。

　この施設を持っていることで、旧吉田村の地域の介護にかかる人の割合は、高齢化率が高いにもかかわらず、他の地域に比較して低くなっている(**図 4-6**) [4],[5]。

　この事例は、福祉面での河川利用、水の利用の進んだ例といえるであろう。

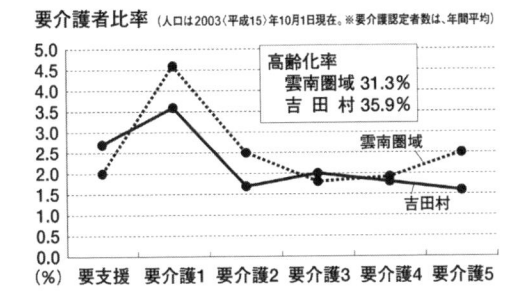

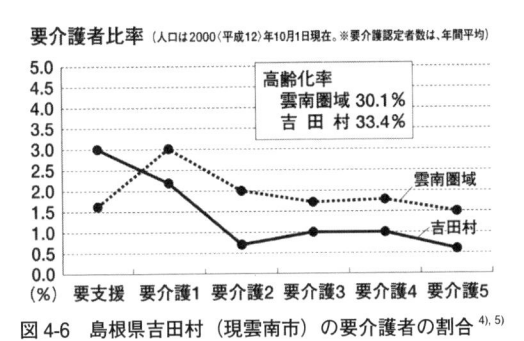

図 4-6　島根県吉田村（現雲南市）の要介護者の割合 [4],[5]

4.8　医療面での利用
——秋田県・子吉川の本荘第一病院の「癒しの川」、多摩川癒しの会

　医療の面での河川利用としては、秋田県本荘市の子吉川、東京都の多摩川、富山県の日赤病院の神通川などがある。
　秋田県本荘市（現由利本荘市）の子吉川では、河川に隣接して立地した本荘第一病院（小松寛治院長。意識して河畔に病院を建設したという）が、医療面で河川を利用している（**写真 4-28**）。子吉川では「癒しの川」の構想を持ち、医療面での利用を進め、その効果の計測にも取り組んでいる。
　その利用は、イベント方式の利用、散発的な憩い、作業療法の訓練などでの利用、そして、市民生活の中でのフリー・アクセスの利用がある。この活動とともに、病院の周辺の河畔には散策路やトイレなどが設置され、リハビリテーション用の通路も整備されている [3]〜[6]。病院のすぐ下流にはボート利用の拠点施設もある。病院の関係者のみならず、子どもも大人も、高齢者も障害者も子吉川を利用でき

写真 4-28　秋田県本荘市・本荘第一病院による子吉川の医療面での利用
(左：川に出て川を眺めている風景、右：河川敷内の通路をリハビリに利用)

るようになっている。

　多摩川では、障害者と共に河川を利用する活動が続けられている。芋煮会などでの時々のイベント的な利用であるが、その効果の実感があるという（長谷川幹・在宅リハビリテーション桜新町院長）。「多摩川癒しの会」では、「障害者」・「健常者」がモニターとなって、散歩、釣り、バードウォッチングなど多様な実体験を行い、多摩川の癒し効果を浮き彫りにし、また、河川空間にふさわしい車いすなどの移動器具の開発や、河川空間の整備方法などについて検討するなどの活動を行っている。

4.9　健康・福祉・医療と教育の複合的な利用

　河川を健康面からウォーキング、ジョギングや散歩、スポーツに利用することは、多くの河川で行われている。加えて、近年では、河川を教育面で、福祉面で、そして医療面で利用することが、上記の先進的な例で示したとおり行われるようになってきている。

　上記の事例にみるように、河川は単一目的で利用される場合はまれであり、複合的に利用されている。

　北海道恵庭市の茂漁川・漁川では、川の自然再生に力点を置きつつも、公園と河川の一体的整備と同時にリバー・ウォークやトイレの整備を行い、それにより河川利用を進めてきている。その川は、子どもをはじめ、大人や高齢者などにより、健康や福祉などの面でも利用されている。また、これらの川は、前述のように恵庭市の交通バリアフリーの経路としても位置づけられ、利用されている[3]~[6]。

　栃木県真岡市の鬼怒川の利用では、子どもの教育面での利用を中心としつつ

も、老人研修センターを併設して、運動、料理、竹細工などを通じて子どもと高齢者の交流を図っている。河畔の施設と河川は、子どもの教育の場であると同時に高齢者の生きがいの場ともなっている。教育と福祉での複合的な河川利用がなされている。

茨城県藤代町（現取手市藤代）の小貝川の利用では、子どもの水面・陸地・空の河川利用、河畔でのポニー利用とともに、高齢者や障害者の乗馬なども行われている。河川を子どもも大人も、高齢者も障害者も共に暮らす地域の拠点として利用している。河川の教育、福祉面での利用であるとともに、地域社会づくりのための利用である。

秋田県の本荘第一病院の子吉川利用でも、病院の医療面での河川利用と同時に、近隣の保育所の園児との河川敷地における交流、一般市民のフリー・アクセスの利用がなされている。医療のみならず、子どもの教育や一般市民の健康面での利用がなされている。

島根県吉田村（現雲南市）の深野川の利用でも、福祉面での利用のみでなく、小学校の生徒や保育所の園児とその親などが交流する場となっており、子どもの教育、さらには地域社会づくりのための場ともなっている。

このように、河川空間は、健康、福祉、医療、教育など、複合的に利用されていることが分かる。

4.10　川からの都市再生の事例①――徳島市の新町川

都市の中の河川の再生、川からの都市再生が世界的に進められている。時代は、都市内に道路を整備して都市を形成・再生する時代から、川の上空や河畔に設けられた道路を撤去して河川を再生し、都心に流入する自動車交通を抑制する時代となっている[5),7)]。そのような河川の再生、川からの都市再生が、欧米や我が国を含むアジアでも数多く進められる時代となっている。我が国では、東京の隅田川、大阪の道頓堀川、北九州の紫川などがあるが、徳島の新町川は、その中でも特徴的な河川である。

そこでは、市民団体（NPO 新町川を守る会）が川にかかわる清掃や毎日の遊覧船の運航、1年365日何らかのイベントを開催するなどして、都市に暮らす人々と川との交わりを創出している。そして、河川の再生から、川からの都市再生を進めてきている。中村英雄さん（NPO 新町川を守る会会長）は、「行政主導・住民（市民）参加」ではなく、"住民（市民）主導・行政参加"でないといけない

という。それは、行政の継続性の問題、民間の参加、そして地域に暮らす市民が中心となって、継続して取り組むことの重要性、幅の広い人々の活動への参加の必要性などを踏まえてのことであろう。

また、この徳島での河川の再生、川からの都市再生では、徳島の戦災復興計画で新町川の河畔に河畔緑地が計画され（**図 4-7**）、それが相当程度に実現してきたことが、資産となって生きているといえる（その後の徳島市の河畔整備、徳島県の河川整備も貢献している）。そこに、住民（市民）主導・行政参加があり、川からの都市再生が進められた（**写真 4-29**）。

市民団体が無料で運航する遊覧船には、地元の人々や徳島を訪れる人々が、2008年には年間約4万人乗船し、新町川を体験するとともに川からの徳島市街地などを眺めている。この船を毎日動かしていることは、都市と河川をつなぐ重要な要素となっている。

徳島は阿波踊りしかないと言われてきたが、今では「水の都徳島」が徳島市のキャッチフレーズとなっている。

川からの地域づくりということで、中村さんたちは、昭和の初期まで船が航行していた徳島から鳴門までの舟運航路を再興し、地域の結びつきを強め、観光などの地域振興につなげる取り組みも進めている。

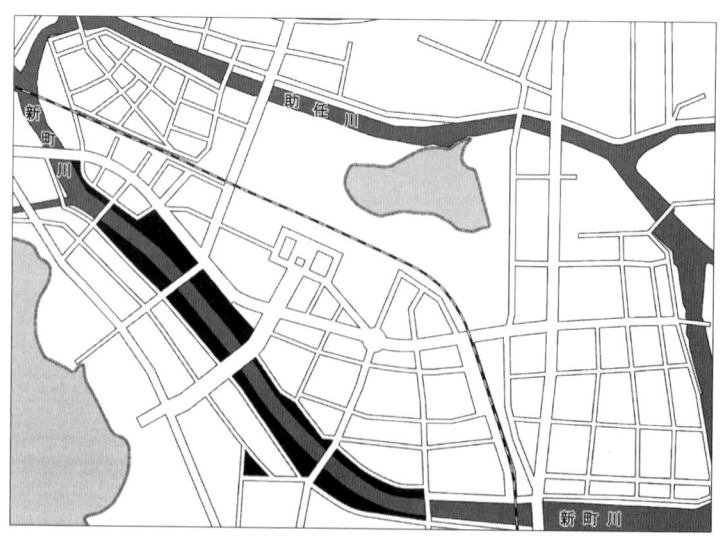

図 4-7 徳島の戦災復興計画での河畔緑地の計画
（この計画のうち、左岸側の緑地のみが整備された）

写真 4-29　徳島・新町川の河畔緑地の風景

4.11　川からの都市再生の事例②
　　──北九州市の紫川、東京の隅田川、大阪の道頓堀川、台湾の高雄市・愛河、ソウルの清渓川、シンガポール川、北京の転河など

　河川の再生、川からの都市再生は、欧米はもとより日本を含むアジアの国々でも進められている。

　日本の事例としては、上述の徳島の新町川に加えて、東京の隅田川、北九州市の紫川、大阪の道頓堀川が代表的なものとして挙げられる[5)～7)]。

　アジアでは、さらに急ピッチでかつ大規模に河川の再生、川からの都市再生が進められている。そのインパクトのある事例としての高雄の愛河、ソウルの清渓川、シンガポール川、北京の転河の事例が挙げられる[5),7)]。

　欧米でも、ドイツのケルンとデュッセルドルフではライン川河畔の高速道路を撤去（地下化）し、水辺を開放して都市再生を行っている。アメリカのボストンでは、都心とボストン港（チャールズ川の河口部）の水辺を分断していた高架の高速道路を撤去（地下化）し、都市を再生している。

　これらの詳細は拙著『都市と河川』[9)]に詳しいので、ここでは写真でその様子を示しておきたい（**写真 4-30 ～ 4-38**）。

　本章で示した河川利用の特徴を**表 4-1** に整理した。これにより、河川利用の目標や河川と河畔（堤内地側、人の住む側）との一体的な整備・利用の状況などが知られるであろう。

写真 4-30　東京の隅田川の再生、川からの都市再生
〔左：再生前の一般的な風景（コンクリートの切り立った堤防で川とまちとが分断されている。このころは河川水質も汚染され、悪臭を放っていた）、右：再生後（堤防前面を緩い勾配とし、その前にリバー・ウォークを整備している。堤内地側も地盤を嵩上げしてスーパー堤防化している）〕

写真 4-31　北九州の紫川の再生、川からの都市再生
〔左：再生前の河畔（川岸の不法建築物。この当時は、水も汚染され、水害もしばしば発生していた）、右：再生後（河畔にリバー・ウォークを設け、河畔には新しい建築物が立地している）〕

写真 4-32　大阪の道頓堀川の再生、川からの都市再生
〔左：川の中にリバー・ウォーク（とんぼりウォークと呼ばれている）を設け、右：船も就航して川のにぎわいが創出されている〕

第4章 優れた河川利用の事例　129

写真 4-33　台湾・高尾の愛川の再生、川からの都市再生
（左：都心部にも河畔の緑地帯があり、リバー・ウォークも整備されている。右：観光遊覧船が就航し、カヌー遊びも行われている）

写真 4-34　ソウルの清渓川の再生、川からの都市再生
（左：川を覆っていた平面道路と高架道路を撤去中、右：再生後の風景。河川に3本の高架高速道路のピアが存置されている）

写真 4-35　シンガポールのシンガポール川の再生、川からの都市再生
（左：汚染されていた河川、右：再生された河川と河畔。河畔は低層の建物とし、川を中心に開けた都市空間として再開発。リバー・ウォークも整備され、遊覧船も就航している）

写真 4-36　北京の転河の再生、川からの都市再生
〔左：再生前（川が道路の下に埋められていた）、右：川が再生され（河畔には緑地帯とリバー・ウォーク、船着き場が設けられている）、河畔の再開発が行われている〕

写真 4-37　ドイツ・ケルンのライン川河畔の高速道路撤去、河畔の都市再生
〔左：河畔にあった高速道路を地下化、右：ライン川の河畔を開放（河畔を緑地公園とし、リバー・ウォークを設置。船着き場も整備されている）〕

写真 4-38　ドイツ・デュッセルドルフのライン川河畔の高速道路撤去、河畔の都市再生
〔左：河畔にあった高速道路を地下化、右：ライン川の河畔を開放（河畔を緑地帯とし、河畔および川の中のリバー・ウォークを設置。船着き場も整備されている）。そして、この都市では河畔のまち並みの再整備も行っている〕

表 4-1　優れた河川利用の特徴

場　　所	河川敷地内	河畔と一体的利用	教育(子ども)	健康	福祉	医療	備　　考
(1) 北海道恵庭市・茂漁川	◎	◎	◎	◎	△		都市計画で位置づけ
(2)-① 栃木県さくら市氏家の鬼怒川・河川公園	◎	◎	◎	◎	◎		河川の中と外との一体的利用
(2)-② 栃木県宇都宮市の鬼怒川・川の海	◎	◎	◎	◎	△		河川の中と外との一体的利用
(2)-③ 栃木県真岡市の鬼怒川・自然教育センター(老人研修センター併設)	◎	◎	◎	△	◎		河川の中と外との一体的利用
(2)-④ 栃木県二宮町の鬼怒川・川の一里塚と河川公園	◎	◎	◎	◎	○		河川の中と外との一体的利用
(2)-⑤ 茨城県下妻市の小貝川河川公園	◎	◎	◎	◎	△		河川の中と外との一体的利用
(2)-⑥ 茨城県取手市藤代の小貝川総合公園	◎	◎	◎	◎	◎	△	河川の中と外との一体的利用
(3) 都市の河川利用(河畔緑地、リバー・ウォーク)	○	◎	△	△	△		都市の河川の必須の装置：リバー・ウォーク
(4) 教育面での河川利用(その1)：栃木県真岡市の鬼怒川	◎	◎	◎	○			川にはあらゆる教材がある(菊地恒三郎)
(5) 教育面での河川利用(その2)：茨城県藤代町の小貝川	◎	◎	◎	○	○	△	子どもも大人も、高齢者も障害者も。常設・日常的利用
(6) 教育面での河川利用(その3)：「川塾」、「水辺の楽校」と「川に学ぶ体験活動」	◎		◎				
(7) 福祉面での河川利用：「ケアポートよしだ」	◎	○	○	◎	◎	△	河畔の小規模多機能の福祉施設
(8) 医療面の河川利用：秋田・子吉川の本荘第一病院の「癒しの川」、多摩川の「癒しの川」	◎		△	△	△	◎	
(9) 健康・福祉・医療と教育の複合的な利用：北海道・恵庭市、栃木県・茨城県・取手市藤代など	◎	◎	◎	◎	◎	○	
(10) 川からの都市再生の事例(その1)：徳島市・新町川	◎	◎	△	◎	○	△	川からの都市再生 住民(市民)主導・行政参加
(11) 川からの都市再生の事例(その2)：北九州市の紫川、東京の隅田川、大阪の道頓堀川、台湾の高雄市、ソウルの清渓川、シンガポール川、北京の転河など	◎	◎	△	◎	◎		川からの都市再生

注）◎：大いに利用されている、○：利用されている、△：やや利用されている

参考文献

1) 吉川勝秀：人・川・大地と環境、技報堂出版、2004
2) 吉川勝秀他編著：水辺の元気づくり、理工図書、2002
3) 石川治江・大野重男・小松寛治・吉川勝秀編著：川で実践する 福祉・医療・教育、学芸出版社、2004
4) 吉川勝秀編著：川のユニバーサルデザイン、山海堂、2005
5) 吉川勝秀：流域都市論、鹿島出版会、2008

6) 吉川勝秀編著：多自然型川づくりを越えて、学芸出版社、2007
7) 吉川勝秀編著：都市と河川、技報堂出版、2008
8) 大野重男：川べりに牧場学校を作ろう、評言社、2006
9) 吉川勝秀編著：河川堤防学、技報堂出版、2008
10) 吉川勝秀：河川流域環境学、技報堂出版、2005
11) 吉川勝秀：自然と共生する流域圏・都市の再生、都市計画（都市計画学会誌）、No2、Vol.58、pp.57-60、2009.5
12) 石川幹子：都市と緑地、岩波書店、2001

第5章

川のユニバーサルデザイン

　少子・高齢化の時代にあって、河川の利用に関連する施設についても、高齢者や障害者などへの配慮が求められるようになっている。この章では、高齢者や障害者への配慮、あるいは福祉・医療などの面での河川利用の常識化について述べる。

5.1　バリアフリー、ユニバーサルデザイン、ノーマライゼーション

　これからの時代は、人口が減少し、少子・高齢化社会となる（図5-1）。そして、介護や医療、年金などの社会福祉関係の費用が増え（図5-2 ～ 5-5）、河川整備を含む社会基盤整備への投資余力は確実に低下する[1]。

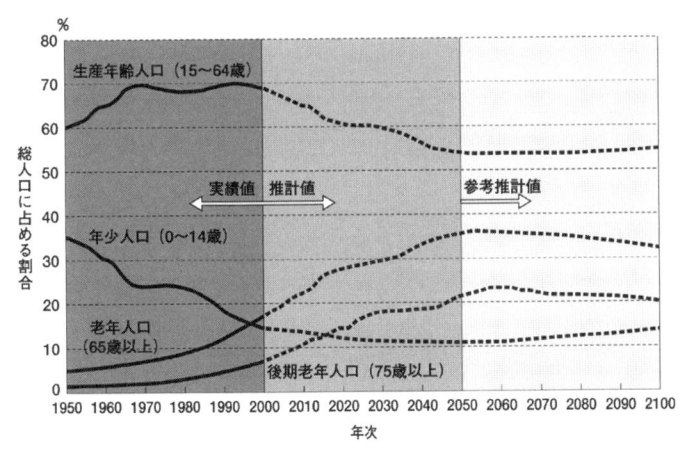

図5-1　日本の人口の推移（年少、生産年齢、老年の人口）

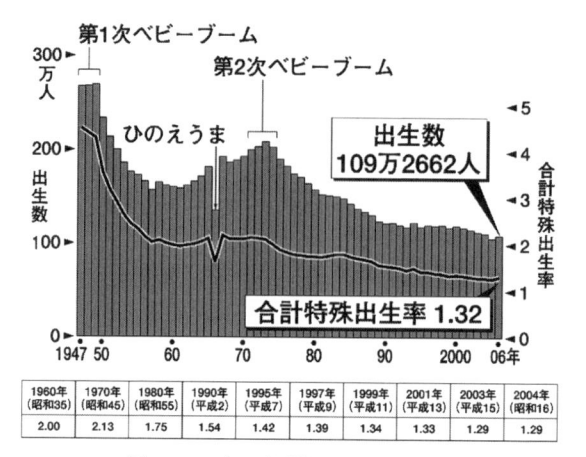

図 5-2　日本の合計特殊出生率の変化

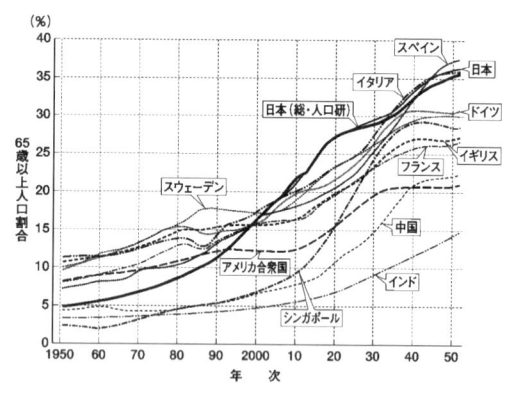

1960年(昭和35)	1970年(昭和45)	1980年(昭和55)	1990年(平成2)	1995年(平成7)	1997年(平成9)	1999年(平成11)	2001年(平成13)	2003年(平成15)	2004年(昭和16)
2.00	2.13	1.75	1.54	1.42	1.39	1.34	1.33	1.29	1.29

図 5-3　日本の高齢化率の変化（国際比較を含む）

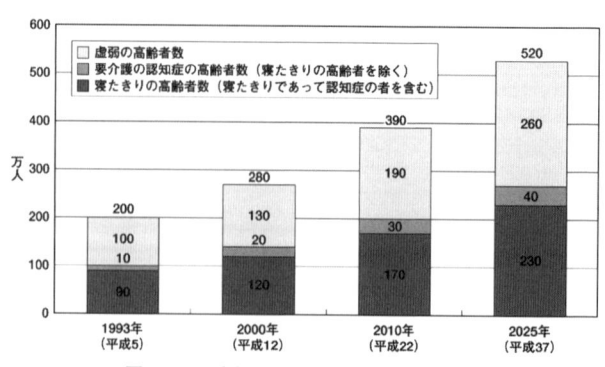

図 5-4　要支援・要介護者の数とその増加

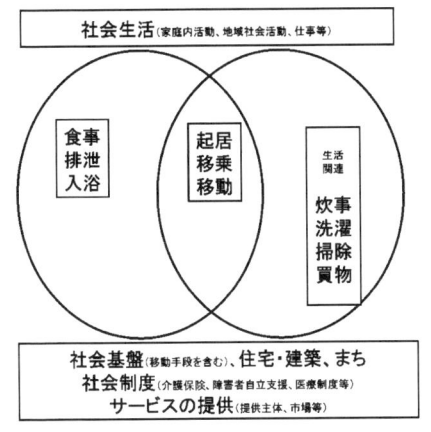

図 5-5　生活の基本と社会生活、それを支える諸事項 [1]

そのような時代にあって、住宅・建築ばかりでなく、移動にかかわる交通、そして都市・地域の社会基盤である河川空間についても、必要な範囲でのバリアフリー、ユニバーサルデザイン、ノーマライゼーションが求められるようになっている。

（1）バリアフリー

これまでの社会では、いわゆる健常者を想定して建物や社会基盤などが整備されてきた。このため、健常者には支障なく利用できるものでも、高齢者や障害を持つ人には障壁（バリア）となっていたものも多い。例えば、移動に関しては鉄道駅や建物の階段などである。それに対して、エレベーターやエスカレーターを設けることにより障壁を解消・軽減することが始められている。

このような障壁には、もの〔器具・機器、道路などの社会基盤、住宅・建築、まちなど〕、社会制度〔以前は要介護の高齢者や障害者に対する制度（例えば公的介護保険制度など）がなかった、あるいは不十分であった〕、サービス（サービス提供がなかった、あるいは不十分であった）、情報、心（精神的な差別など）などがある。国連における障害者権利宣言（1975年）、その趣旨に基づく国際障害者年の活動を経て、そのような障壁を取り除くバリアフリーへの認識と取り組みが始まったといえる。

（2）ユニバーサルデザイン

アメリカでは、1970年代に障害を持つ者が自立して社会生活を営むことを目

指した自立生活運動があった。その流れで、障害者の権利として、障害者が社会で自立して生活するための法制度が整備されてきた。その運動を進めてきたロン・メイスなどにより、機器や社会インフラなどについてのユニバーサルデザインが提唱され、実行に移されるようになった。ユニバーサルデザインの七つの原則として、①公平な利用、②利用における柔軟性、③単純で直感的な利用、④わかりやすい情報、⑤間違いに対する寛大さ、⑥身体的不安の少なさ、⑦接近や利用に際しての大きさと広さ、というものが提唱されている。

（3） ノーマライゼーション

デンマークでは、知的障害者にかかわったバンク・ミケルセンにより、1950年代に障害を持つ子どもと親が地域で一緒に暮らすことを志向するノーマライゼーションの考えが示された。それまでは、障害を持つ者を施設に隔離してきていた。この考えは、隣国のスウェーデンでB.ニィリエが1960年代に提唱したノーマルな社会生活の条件を整理し、より明確となった。すなわち、①1日のノーマルなリズム、②1週間のノーマルなリズム、③1年間のノーマルなリズム、④ノーマルなライフスタイル、⑤ノーマルな理解と尊重、⑥ノーマルな相互関係、⑦一般市民と同じ経済条件の適用、⑧ノーマルな住環境の提供というものである。

バリアフリーは障害者・高齢者を対象としていて健常者と差別的に取り扱う傾向にある。ユニバーサルデザインは障害者・高齢者と健常者とを同時に対象としているが、あくまでもデザインにかかわるものである。ノーマライゼーションは、障害者も高齢者も共に地域で暮らすことを目指しており、バリアフリー、ユニバーサルデザインを包含するものであるといえる。ユニバーサルデザイン、バリアフリー、ノーマライゼーションの関係を概念的に図5-6に示した。

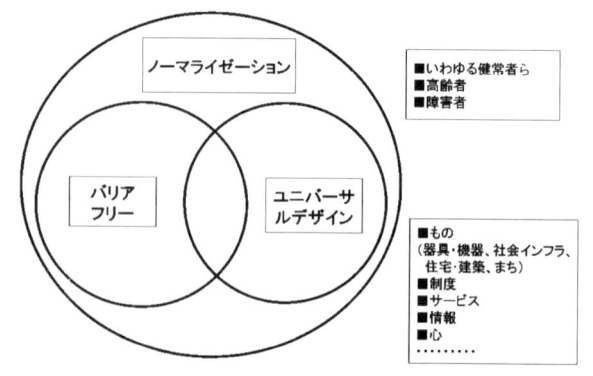

図5-6 バリアフリー、ユニバーサルデザイン、ノーマライゼーション[1)]

ユニバーサルデザインなどについての実践は、経験を積み重ねつつスパイラルアップで向上させていくべきものと考えられている[2]。

5.2 ユニバーサルデザインが必要とされる背景

川のユニバーサルデザインが求められる理由は、消極的には、社会全体（住宅・建築、交通・移動など）にユニバーサルデザインが求められていることから、河川空間についてもそれが求められているためである。積極的には、都市や地方において、自然豊かな連続した公共空間である河川空間の持つ価値（自然とのふれあい、人々を癒す効果、世代間の交流を可能とするなど）を発揮させるためである。これは、交通バリアフリー化を図るといった手段の問題ではなく、価値ある河川空間を高齢者・障害者はもとより子どもや大人に開放・提供するという積極的な理由である。

障害を持つ人たちがまちに出るようになり、福祉の世界が変わり、そしてまちも変わってきた。さらに障害者や高齢者も河川空間に出ることができるようになると、さらに福祉の世界が変わり、河川空間も変わってくるであろう。障害を持った人は、多くの時間を限られた空間（施設内、自室内など）で過ごすことが多いが、社会実験的な取り組みで川に出て、河川空間の持つ水の流れ、生き物のにぎわい、開けた空と流れる風などを体験することで、世界が確実に広がったという。

5.3 川のユニバーサルデザインの事例と基準

道路や建物、公園とともに、河川空間の施設のユニバーサルデザインの基準も作られるようになった。

そこで、河川空間の施設で、ユニバーサルデザインの対象となる主な施設を示し、そのような施設のユニバーサルデザインの基準について、十勝川、荒川下流、利根川上流のものを例示することとしたい。

（1） 川のユニバーサルデザインの対象とされる施設
　　　——河川の法律（政令）などからみた場合

ここでは、川のユニバーサルデザインの対象について、既往の河川の諸基準やいくつかの川で整理されてきたユニバーサルデザインの手引などから整理してお

きたい。

　河川内に設けられる構造物に関する法律（政令）としては「河川管理施設等構造令」（1976年制定。1992年、1997年に一部改正）がある[3]。また、河川敷地の利用については、法律に準じるものとして「河川敷地占用許可準則」（1965年通達。2005年改正）がある。

（a）「河川管理施設等構造令」に示される施設

　第3章の3.7節で述べたように、河川構造物の設置や管理の基準である「河川管理施設等構造令」には、空間としての河川（河川空間、沿川空間）の規定がない。この基準は、20世紀を通じての河川管理の主要テーマであった治水上の安全性を確保することがその中心となっている。将来的には、この基準に空間としての河川の規定を加え、そこにユニバーサルデザインの思想を加えることなどがテーマであるが、ここでは現況の基準に示される施設を示すとともに、ユニバーサルデザインの対象についてみておきたい。

　この構造令には、主として治水安全度の確保の観点から、新設・改築される下記の施設の構造基準が示されており、それはその施設が存続する間は満たさなければならない基準でもある。すなわち、新設・改築された施設は、整備が終わった時点から、存続する期間を通じて、その基準を法律的に満たさなければならない。ただし、この政令が制定される前に建造された施設は対象外とされている。

　　・ダム
　　・堤防〔この中に河川の管理用通路の幅や空間的なクリアランス（建築限界）が示されている〕
　　・床止め
　　・堰
　　・水門および樋門
　　・揚水機場、排水機場（ポンプ場）および取水塔
　　・橋
　　・伏せ越し
　　・参考：河底横過トンネル

　この基準に示される施設のうち、ユニバーサルデザインの主要な対象は、堤防の章に示される河川の管理用通路である。『改定　解説・河川管理施設等構造令』[3]の同項の解説には、川と福祉の視点、ユニバーサルデザインの思想を明確に示している。

　この基準に、都市の「空間としての河川」についての規定を入れること、そこにユニバーサルデザインの思想などを盛り込むことが、今後のテーマの一つであ

る。
(b)「河川敷地占用許可準則」に示される施設

この準則は、河川敷地（主として高水敷地）を公園などとして面的に利用（占用）する場合の規定である。

その原則としては、河川本来の機能を維持しつつ、良好な環境の保全と適正な利用を図るものとし、治水上の支障がないことなどを前提として、河川敷地の面的な占用が可能な利用について示している。

この準則に列挙されている占用施設としては、第3章3.6に示したものがある。

この準則に示される施設のうち、川のユニバーサルデザインの対象としては、面的占用の公園、緑地または広場、さらには運動場に関連して設けられる通路や階段、トイレ、水飲み場などの付属施設、病院・学校等との連結のために設置される河川上空の通路、テラスなどの施設がある。

(c) 河川の「工作物設置許可基準」に示される施設

河川の「工作物設置許可基準」(1994年制定、1998年改訂)[4]は、河川敷地に設けられる工作物の新築、改築または除却の場合に準拠される基準で、上記の河川敷地占用許可基準の技術的な事項を示したものともなっている。

この基準には、以下の施設の設置に関する基準が示されている。

- 堰／水門および樋管／水路／揚水機場および排水機場（ポンプ場）／取水塔／伏せ越し／管類など／光ファイバー類／集水埋渠
- 橋／潜水橋／道路／自転車歩行者専用道路／坂路／階段
- 安全施設
- 架空線類／河底横過トンネル／地下工作物／船舶係留施設

これらの施設の中では、河川敷地を占用する自転車歩行者専用道路、通路や坂路などにおいて、高齢者、障害者、車いすなどに配慮したユニバーサルデザインが求められる。

以上の三つの基準と準則にみるように、河川の管理用通路、河川を占用する自転車歩行者道路、坂路、通路、船着き場などの施設や、面的な占用にかかわる公園、緑地、広場、運動場などの施設がユニバーサルデザインの対象となることが知られる。

(2) 河川ごとに先行的に検討された手引・指針などからみた場合

河川ごとに、河川の特性に応じて検討され、その川で適用されているユニバーサルデザインの手引、指針などから、川のユニバーサルデザインの対象をみておきたい。ここでは、大きな堤防を有し、広い高水敷地を持つ荒川下流と利根川上

流のもの、および本川については荒川や利根川と類似する大河川であるが、その支流の中小河川も視野に入れた十勝川のものを取り上げておきたい（**写真 5-1〜5-8** 参照）。

写真 5-1　十勝川の風景①
（左：十勝大橋下流付近、右：中流部・音更市街付近より上流を望む）

写真 5-2　十勝川の風景②（堤防スロープと2段式の手すり）

写真 5-3　荒川の風景①（左：東京を流れる荒川、右：荒川の堤防上の利用風景）

第 5 章　川のユニバーサルデザイン　　*141*

写真 5-4　荒川の風景②（河川敷内の利用風景）

写真 5-5　荒川の風景③（荒川の福祉対応施設の例。左：スロープ、右：障害者用の駐車場）

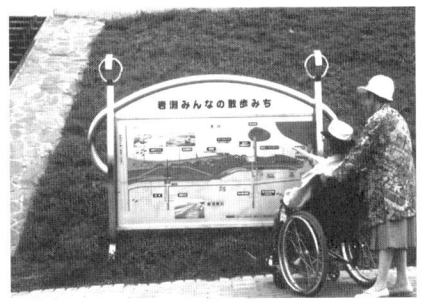

写真 5-6　荒川の風景④
（荒川の福祉対応施設の例。2段式の手すりが付いた幅の広い階段、右：文字の大きな案内板）

写真 5-7 利根川上流の風景①（左：境町付近の利根川、右：東武線より下流の堤防を望む）

写真 5-8 利根川上流の風景②（利根川上流の堤防に設けられた坂道）

① 「十勝川 すべての人にやさしい川づくりの考え方(案)」(北海道開発局帯広開発建設部治水課、2002年)
この考え方で示されている施設としては、下記のようなものがある。
　・スロープ（坂路）計画（スロープと平場）
　・階段計画（手すりと踊場）
　・園路（舗装、幅員、縁石）
　・サイン計画（案内、誘導、認知のためのサイン）
　・植栽計画（植生の選定、配置、高さ、季節を感じさせる木を使う、色彩、触れる）
　・その他の施設計画〔テラス、ベンチ、水飲み場、四阿（あずまや）、車止め〕
② 「荒川下流 福祉の荒川づくり 設計の手引(第1版)」〔国土交通省荒川下流河川事務所、2003年〕
この手引では、以下のような施設が取り上げられている。
　・スロープ（車いすの利用を想定。縦断勾配、横断勾配、幅員、平場、手すり、

側壁、舗装、溝蓋など、点字ブロック）
  ・防災用の坂路（資材搬入等の車の通行および車いすの利用を想定。縦断勾配、横断勾配、幅員、平場、手すり、側壁、舗装、溝蓋など、点字ブロック）
  ・階段（階段の構造、幅員、平場、手すり、点字ブロック）
  ・散策路（縦断勾配、横断勾配、幅員、出入り口、舗装、点字ブロック）
  ・堤防天端道路（縦断勾配、横断勾配、幅員、舗装、点字ブロック）
  ・車止め（設置位置、構造および設置間隔）
  ・休息施設〔四阿（あずまや）、展望広場、ベンチ、野外卓、水飲み場〕
  ・トイレ（構造、出入り口、室内寸法、付帯設備、標示）
  ・駐車場（駐車スペースおよび安全路、標識）
  ・案内板（設置位置等、構造、標示）
  ・付録：あらかわ福祉体験広場
③　「利根川上流　すべての人に親しまれる川づくりを目指して　利根川上流ユニバーサルデザイン指針」〔国土交通省利根川上流河川事務所、2005年〕
この指針では、以下のような施設が取り上げられている。
  ・アクセス系施設（坂路、階段、散策路、堤防天端道路）
  ・情報伝達施設（案内板、河川情報板）
  ・利便施設（駐車場、トイレ、休息施設など）
  ・利用管理施設（車止め、安全柵）
  ・交通施設（船着き場）
  ・親水・修景施設（親水施設、修景施設、桜づつみ）
  ・レクリエーション施設（遊び場、スポーツ施設、釣り場）
  ・自然観察・体験施設（水辺の楽校、自然観察施設）
この指針には、関連する通称交通バリアフリー法（高齢者、障害者等の公共交通機関を利用した移動の円滑化に関する法律）、通称ハートビル法（高齢者、障害者等が円滑に利用できる特定建築物の建築の促進に関する法律）、利根川上流区間の茨城県・栃木県・群馬県・埼玉県・千葉県の人にやさしいまちづくり条例あるいは福祉のまちづくり条例の規定との対応が示されており、その面でも参考になる。
　以上三つの河川ごとの手引などにみるように、これらの手引などが対象とする大河川では、川での移動などに関するもの、河川利用施設、トイレなどがユニバーサルデザインの対象となることが知られる。
　④　三つの手引などの内容の比較対照
　上記三つの手引などに記述されている内容を比較対照したものが**表5-1**であ

表5-1 三つの手引き等の内容の比較対照

	「十勝川すべての人にやさしい川づくりの考え方(案)」(抜粋) 北海道開発局帯広開発建設部 2002	「福祉の荒川川づくり設計の手引き(第1版)」(抜粋) 国土交通省荒川下流河川事務所 2003	「すべての人に親しまれる川づくりをめざして 利根川上流ユニバーサルデザイン指針」(抜粋) 国土交通省利根川上流河川事務所 2005
計画のポイント	・背後地や河川敷の施設との連続性を確保するものとする。 ・スロープの設置場所付近は、背後地からの主要動線になる近くに設置することが望ましい。 ・高齢者や障害者を含む多くの利用者を想定し、安全性、選択性を確保するものとする。 ・手すりの有無やスロープの勾配など、利用者への十分な情報の提供を行う。	・荒川を訪れる高齢者や障害者など多くの利用者の利用形態を想定し、安全の確保に配慮する必要がある。	・坂路は主に堤防の川側に設置する。川を訪れる人たちを河川空間に誘導する基本的施設である。堤内地の高低差が大きく、周辺のアクセスルートを考慮しながら検討する。 ・堤防が高い利根川根では、坂路の高低差が大きくなるため、高齢者や障害者を含む近くの人々が身体的負担が大きいことから多くの人々が使いやすく、かつ安全に利用できるように配慮する。坂路の形状や付帯施設を設計する。 ・勾配に配慮する。坂路の高低差や移動距離が短い階段の方が利用しやすい場合がある。坂路と階段の併用を検討する。 ・自転車や車両管理車両が通行する場合は、歩行者専用の坂路を設ける。兼用坂路を適用する場合、高水敷などの場合で、接続する場所の周辺の土地に余裕があるなど供用時の流下能力に支障がある箇所など、広場などの踊り場を分離する。 ・歩道の流下、接続する場所、堤防天端道路、広場などの踊り場と坂面には段差を設けず、滑らかに接続することとする。歩行者の安全性確保のため、歩車道を分離することとする。
縦断勾配	・縦断勾配は5%を基本とする。	・縦断勾配は5%以下とする。	・縦断勾配は4%(1/25)以下とする。ただし、現地の条件により4%(1/25)を確保できない場合には5%(1/20)以下とする。
横断勾配	・横断勾配は可能な限り水平とすることが望ましい。	・横断勾配は排水に支障がない限り設けず、水平とする。	・横断勾配は排水に支障がない限り設けず、水平とする。
幅員	・幅員は2m程度とする。	・幅員は2m程度とする。	・歩行者専用坂路：幅員は2m以上とする。 ・歩行者自転車兼用坂路：幅員は3m以上とする。 ・管理車両兼用坂路：幅員は4m以上とする。
平場(踊場)	・スロープの途中に休息できる平場をできる限り設ける。平場は高低差75cmをめどとし設置する。	・平場は高低差0.75m程度以内ごとに長さ1.5mの水平部分を設ける。	・踊場は、坂路の縦断勾配が3%(1/33.3)以上、4%(1/25)以下の場合においては、延長30m以内ごとに踊場を設けて設けること、4%(1/25)を超える場合においては、高低差0.75m以内ごとに踊場を設けて5m程度毎に60cm以上水平に延長し、踊場および起終部の水平部分の長さは、2.0m以上とする。
手すり	・スロープには谷側に手すりを設置する。 ・手すりは原則として2段手すりとし、上段の高さは75～85cm程度、下段の高さは60～65cm程度とし、その外径は5～6cm程度とし、原則として手すりの下側で支柱を支持する。 ・手すりは上段は上段3.8～4.5cm程度、下段3cm程度とする。 ・手すりは端部から50cm程度以上水平に延長し、端部は下方に曲げ、標示等ができることが望ましい。 ・手すりの起終部の上段は現在使用されている他と点字プレートとし、手すりの材質は腐食しにくいものとする。	・坂路には、高さが75～85cm程度、60～65cm程度の2段手すりを両側に連続して設けることとする。なお、手すりの高さは4cm程度とし、施設などに支障がある場合は、手すりの外径は5cm程度で設置して望ましい。 ・坂路との壁面から5cm程度離して設置し、利用者の乗降、誘導が円滑になるように60cm以上水平に延長し、望ましい。 ・手すりの端部には服装の引っかかりなどがないような処置をすることとし、手すりの端部は現在指定されたものとし、使いやすさ、メンテナンスの容易性を考慮する。	・坂路には、高さ75～85cm程度、60～65cm程度の2段手すりを両側に連続して設けることとする。手すりの高さは4cm程度とし、施設的なものがある場合、施設などに支障がある場合、高低差0.75m以下の場合は高低差0.75m以上の場合に設置する。 ・坂路の終部には服装の引っかかりなどがないようにし、誘導が円滑になり、利用者の乗降、5cm以上水平に延長し、望ましい。 ・手すりの端部には指示などを表す点字を貼り付けることとする。主に、手すりの端部は服装の引っかかりなどがない処置をする。手すりの材質指定などは、メンテナンスの容易性を考慮する。
スロープ(坂路)	・スロープの両側に高さ10cm程度以上の縁石を連続して設置する。	・スロープの両側に高さ10cm程度以上の縁石を連続して設置する。	・坂路の両側には、高さ5cm以上の縁石を連続して設置する。

第5章　川のユニバーサルデザイン

分類	項目	内容
アクセス系施設	舗装	・舗装は降雨時でも滑りにくく、平坦な仕上げとする。
		・歩行者専用坂路：舗装は降雨時でも水はけが良く滑りにくい、平坦な仕上げとする。
		・歩行者自転車通行兼用坂路：歩行者専用坂路と同様とする。
		・管理用車両通行兼用坂路：舗装は降雨時でも水はけが良く滑りにくい、平坦な仕上げとし、管理用車両通行にも耐え得る構造とする。
	溝蓋等	・溝蓋などは滑りにくく、排水穴に杖の先や車いすのキャスターが落下しないような構造とする。
		・溝蓋などは滑りにくく、排水穴に杖の先や車いすのキャスターが落ち込まないキャスターが落ち込まない構造とする。
	点状ブロック	・坂路の上・下端に接する路面には点状ブロックなどを敷設する。
		・原則としてスロープの上端、下端の路面に点状ブロックを設置する。平場の長さが2.5mを超える場合は、原則として点状ブロックを設置する。
		・視覚障害者誘導用ブロックとして黄色などを用いるものとし、床面と視覚障害者誘導用ブロックの明度差を十分確保する。
	計画のポイント	・緊急時の災害復旧や防災資機材の搬出搬入のために十分な構造を有するものとし、高齢者や障害者の方々が、災害時の避難および日常生活で安全に利用できるよう配慮する必要がある。
	縦断勾配	・スロープの設計ポイントと同じ。
	横断勾配	・スロープの設計ポイントと同じ。
防犯スロープ用(坂路)	幅員	・幅員は4m程度以上とする。
	平場(踊場)	・スロープの設計ポイントと同じ。
	手すり	・スロープの設計ポイントと同じ。
	側壁等	
	舗装	・平坦で大型車両の通行に耐え得る構造とする。
	計画のポイント	・荒川に防んだ高齢者や障害者をも含む多くの利用者の利用形態を想定し、安全の確保に配慮する必要がある。
		・背後地や河川敷の施設との連続性を確保するものとする。
		・階段の設置箇所は、背後地からの主要動線上のものとする。
		・階段の付近に設置することが望ましい。
		・高齢者や障害者をも含む多くの利用者の利用を保障するものとする。
		・全性、選択性を保障するため、階段や手すりの有無など、利用者への十分な情報提供を行う。
階段	計画のポイント	・階段は、主に堤防の り面に設置し、坂路などの機能を補完しながら、川を訪れる人たちを河川空間や水辺へと誘導する基本的な施設である。
		・階段近くのアプローチルートを考慮しながら、同時に堤防からの利用や根上では、階段の高低差が大きくなりやすくなるため、階段の利用者の身体的な負担が大きくなりがちであることから、高齢者や障害者を含めすべての利用者が安全に、かつ容易に利用できるよう配慮し、階段の構造や付帯施設を設計する。
		・視覚障害者は、坂路より移動距離の短い階段の方が利用しやすい場合があり、整備にあたっては十分な配慮が必要である。
		・階段を訪れる人、坂路などに階段などの基本的な施設の配置は、同坂路のアプローチを考慮しながら設計する。

	「十勝川「すべての人にやさしい川づくり」の考え方(案)」(抜粋) 北海道開発局帯広開発建設部 2002	「福祉の荒川づくり設計の手引き(第1版)」(抜粋) 国土交通省荒川下流河川事務所 2003	「すべての人に親しまれる川づくりをめざして利根川上流ユニバーサルデザイン指針」(抜粋) 国土交通省利根川上流河川事務所 2005
構造	・階段のステップ表面には、艶のない色を使いコントラストをつけ、また、階段の上下段の違いを知らせるなど、材質を変化させるなどの工夫も必要。 ・階段には両側に手すりと踊場をできる限り設計する。	・原則として階段は堤防の形状に合わせた勾配とする。蹴上げ、踏面は 55cm≦2R＋T≦65cm 程度の範囲とする（R：蹴上げ、T：踏面）。蹴込みは 2cm 以下とし、踏面（段鼻）は飛び出さない構造とする。 ・同一段階では蹴上げ、踏面の寸法は一定とする。 ・回り段は設置しない。 ・表面は滑りにくい仕上げとする。 ・段鼻は、踏面と識別しやすい色とし、滑り止めを付ける。	・階段は、堤防の形状に合わせて勾配とすることが望ましい。 ・同一階段では、蹴上げ、踏面の寸法は一定とする構造とする。 ・蹴上げは 15cm 以下、踏面は 30cm 以上とする。 ・踏込みは 2cm 以下とし、段鼻は飛び出さない構造とする。 ・回り段は設置しない構造とする。 ・表面は、滑りにくい仕上げとする。 ・段鼻は、踏面と識別しやすい色とし、濡れでも滑りにくいものとする。
幅員		・幅員は 3m 程度以上とする。	・幅員は 2m 以上とする。
平場(踊場)		・堤防に小段がある場合には、原則として長さ 1.5m 以上の平場を設ける。	・堤防に小段がある場合には、踊場を設ける。
階段 手すり	・手すりは勾配がきつい部分、階段などの歩行が困難な場所など、危険な場所について、できる限り両側に設置する。 ・過剰な手すりの設置を避けるように形状及び配置を検討する。また、公園などの景観を損なわないように、細すぎず太すぎないサイズや握りやすい手すりの端は角を曲げるなどの配慮が必要。 ・握りの手すりは熱に弱く冷たすぎない素材が望ましい。ただし、冬期の凍結にも耐えられるメンテナンスが苦にならない場所では注意が必要。 ・子どもから大人までが利用できるように、手すりは2段にすることが望ましい。	・階段には手すりを設ける。 ・階段の幅員が 4m 未満の場合には両側に 2 か所、4m 以上の場合は中央に 1 か所を加えて設置する。 ・手すりを原則として 2 段とし、上段の高さは 75〜85cm 程度、下段は 60〜65cm 程度の高さとする。手すりの外形は円形とし、その外径は 3.8〜4.5cm 程度とする。 ・手すりは手摺上部 3cm 程度以下で取付けが望ましい。 ・手すりがスロープの起終部の上段に近接地などを水平に延長し、端部は下方に曲げる。 ・手すりの起終部の上段に内容を点字プレートで標示することが望ましい。 ・手すりの部材は滑りにくいものとする。	・階段には、高さ 75〜85cm、60〜65cm の 2 段手すりを両側に連続して設けることとする。なお、手すりの外径は 4cm 程度使用することとする。端部から 5cm 程度曲線の設置面から 60cm 以上水平に延長し、利用者が円滑になるようにする。 ・手すりは、階段部には次路のかかりが引っかからないような処理とする。また、手すりの端部に次路の引っかかりを示す点字などを貼り付けることとする。 ・手すりの端部に貼り付ける点字は、その内容を文字確認のとし、使いやすさ、メンテナンスの容易性を考慮した素材、形状、寸法、設置場所などにより設定にあたる。
点状ブロック		・原則として階段の上・下端の路面には点状ブロックとして点状プレートを設置する。	・原則として接続する路面の上・下端に接続する路面にはブロックなどを敷設する。
計画のポイント	・高齢者や障害者を含む多くの利用者を想定し、連続した安全性を確保する。 ・自然環境（景観）に配慮した工法、素材の活用を図る。 ・既存の河川管理用通路の活用を図る。 ・園路は利便性に配慮しすぎて、景観としての価値を妨げるものであってはならない（誘導用ブロック等、美しさ、歩きやすさ、透水性などのほか、耐摩耗力、弾力性、耐久性などの園路材の選定、摩擦力、弾力性、耐久性などの配慮）。	・原則として階段の上・下端の路面には点状ブロックとして点状プレートを設置する。 ・平場の長さが 2.5m を超える場合、原則として点状ブロックを設置する。	・散策路は主に高水敷に設置されるものでが、河川空間を利用する人たちを目的とする施設設備や動導に誘導する基本的施設の設置にあたっては、既存施設や計画施設の配置に配慮しなりとも、高齢者や障害者に配慮しながら移動しやすいよう検討する。 ・すべての人が利根川の豊かな自然や水辺に親しめるよう、快適で安全な散策路の整備を行う。

分類	項目	内容
アクセス系施設	縦断勾配	・原則として縦断勾配が 4% を超える場合には、散策路の起終部に 2.0m 以上の水平部分を設ける。 ・原則として長さ 1.8m 以上の水平部分を設ける。 ・原則として 3～4% の勾配が 50m 以上続く場合には、長さ 1.5m 以上の水平部分を設置する。	・原則として勾配 3% (1/33.3) 以上、4% (1/25) 以下の勾配で、途中に 2.0m 以上の水平部を設ける。 ・やむを得ない場合は 8% (1/12.5) 以下とし、高低差 0.75cm 以内ごとに 2.0m 以上の水平部分を設ける。
	横断勾配	・雨水の排水のために 1.5～2.0% の横断勾配が必要であるが、車いす利用者にとってはできる限り水平とすることが望ましい。	・原則として排水に支障がない限り設けず、水平仕上げとする。
	幅員	・主要な園路の幅員は、車いすがすれ違える幅員を確保するが、車いすが 90°の曲りを無理なく通れる幅員を確保する。	・歩行者専用散策路：幅員は 2m 以上とする。 ・歩行者自転車通行兼用散策路：幅員は 3m 以上とする。 ・管理用車両通行兼用散策路：幅員は 4m 以上とする。
	出入り口	・幅員は 1.2m 以上とする。	・出入り口や、散策路と車両動線などの通路交差部に切り下げを設ける場合、その切り下げ部の縁端の段差は 4% (1/25) 以下とする。 ・縁端の段差は 2cm を標準とする。
散策路		・出入り口の切り下げ部分の幅員は 1.4m 程度以上とし、すり付け勾配は 8% 程度以下とする。	
	舗装	・舗装は降雨時でも滑りにくく、平坦な仕上げとする。 ・原則として勾配の両端には舗装止めを設置する。	・歩行者専用散策路：舗装は降雨時でも水はけが良く滑りにくく、平坦な仕上げとする。 ・歩行者自転車通行兼用散策路：舗装は降雨時でも水はけが良く滑りにくく、平坦な仕上げとする。 ・管理用車両通行兼用散策路：舗装は降雨時でも水はけが良く滑りにくく、舗装は管理用車両の通行にも耐え得る構造とし、管理用車両の通行にも耐え得る構造とする。
		・積極的に土やネキチップなどの自然素材、リサイクル材料の活用を図る。 ・表面は濡れにくく滑りにくい素材を使用することが望ましい。土舗装とする場合には、雨水の排水に十分配慮する。 ・凹凸ができるだけ少ない仕上げとする。舗装面の表面は平坦で、ある程度弾力性があって、足に負担のかからない、かえっての強い素材を足元にしっかりかかり、かえって滑りにくい素材を使用することが望ましい。	・溝蓋などは滑りにくく、溝に枝の先や車いすのキャスターが落ち込まない構造とする。
	溝蓋等	・園路では砕石、砂利などによる舗装およびに凹凸みなどの強い素材は足がかかりにくいので望ましくない。 ・主園路と他の園路の素材の変化は利用者にとってわかりやすい（異なった音や弾力を持った素材を使用する、色のコントラストを付けるなど）を識別しやすい。	・散策路の起終部や他の散策路との交差部、車両通行動線などとの交差部には点状ブロックなどを敷設する。
	点状ブロック		・散策路の起終部や危険箇所に点状ブロックを設置する。
	縁石	・園路の両端には、杖を使用する視覚障害者の誘導を兼ねて段差をつけることが望ましい。舗装の表面材と色のコントラストを付けるなどの工夫をすることが望ましい。 ・車いすが脱輪すると危険な場所には、前輪が乗り上げすぎない高さ以上の立ち上がりを付ける。	

		「十勝川すべての人にやさしい川づくりの考え方(案)」(抜粋)	「福祉の荒川づくりの設計の手引き(第1版)」(抜粋)	「すべての人に親しまれる川づくりをめざして利根川上流ユニバーサルデザイン指針」(抜粋)
		北海道開発局帯広開発建設部	国土交通省荒川上流河川事務所	国土交通省利根川上流河川事務所
		2002	2003	2005
アクセス系施設	堤防天端道路施設			
	計画のポイント		・荒川を訪れる高齢者や障害者らを含む多くの利用者の利用形態を想定し、安全の確保に配慮する必要がある。	・堤防天端道路は、建設大臣指定区間である河川利根川の河川景観や散策などの場としての視点場であるとともに、サイクリングや散策などの場として治川地域を広域的に結ぶ、貴重なネットワークルートである。 ・堤防天端道路は、河川の維持管理や監視のために管理用車両が通行する頻度が高いことから、歩行者や自転車利用者のほか、高齢者や障害者らも安全で快適に利用できるネットワークルートとして整備する。 ・休息施設や案内板を配慮するほか、光ファイバー、樋門、排水機場などの堤防天端付近にある河川管理用施設を解消する施設の配置を検討する。
	縦断勾配	・縦断勾配は堤防天端の縦断勾配に合わせる。	・縦断勾配は堤防天端の縦断勾配に合わせる。	・縦断勾配は堤防天端の縦断勾配に合わせる。
	横断勾配	・散策路の設計のポイントと同じ。	・散策路の設計のポイントと同じ。	・横断勾配は 1% (1/100) 以下とし、現場状況に応じ、可能な限り緩やかな勾配を設計する。
	幅員	・幅員は 3m 以上とする。	・幅員は 3m 以上とする。	・幅員は 4m 以上とする。
	舗装	・スロープの設計のポイントと同じ。	・スロープの設計のポイントと同じ。	・舗装は降雨時でも水はけが良く滑りにくい、平坦な仕上げとし、管理車両の通行に耐え得る構造とする。
	点状ブロック	・散策路の設計のポイントと同じ。	・散策路の設計のポイントと同じ。	・堤防天端道路と坂路との交差部、河川管理施設付近などの危険箇所に、点状ブロックなどを敷設する。
計画のポイント		・高齢者や障害者らの利用を考慮し、できる限り多種多様な感覚に訴える案内、誘導の方法を検討する。 ・表示内容は、「分かりやすく」ことに配慮する。 ・各サインが関連性を持ち、全体で「連続性および統一性」のあるものとする。 ・すべての利用者に対して安全な配置、形状とする。 ・サインの設置は必要最小限にとどめる。	・荒川を訪れる高齢者や障害者らを含む多くの利用者の利用形態を想定し、安全の確保に配慮する必要がある。	・河川区間には、さまざまな利用施設や空間が存在する。それらへのアクセスの方法、アクセス路の途中の分岐点での誘導や利用距離の表示などの、情報を提供する必要がある。 ・障害の種類に応じて感覚や音声などで案内板を配置を検討し、多くの利用者が分かりやすいように案内板の種類と配置を検討する。(あるいは認識しやすく)分かりやすく配置するものとなるよう配慮する。 ・色彩については、周辺の自然環境、景観などに調和するものとなるよう配慮する。
種類		・案内のためのサイン:河川敷の総合的な案内で、広い範囲の情報を提供する案内-公園案内板、サウンドマーカーなど ・誘導のためのサイン:利用者を誘導するための方向サイン、誘導ブロックなど ・認知のためのサイン:施設の解説や案内板、危険告知のサイン、あるいは特の情報を与える手段-解説板、樹名板、立札、ピクトグラム、警告表示など		・案内板は、全体案内、定点標示、注意喚起など、機能に応じて配置する。 ・案内板は分かりやすさを第一とし、必要に応じて、軸加知や触知板や音声案内板などの視覚による方法以外でも認識することができるものとする。

第5章 川のユニバーサルデザイン

分類	項目	内容
情報伝達施設	案内板・誘導サイン	**配置** 〈案内のためのサイン〉 ■案内板は利用者の通行に支障のない位置に配置する。 ■主要な出入口にあたる箇所には、総合案内板を設置する。 ■園内の主要箇所には、利用者が自分の位置、周辺の状況、目指す目的地が確認できる部分に案内板を設置することが望ましい。 〈誘導のためのサイン〉 ■視覚による誘導、および触覚回避のために用いられる視覚障害者誘導用ブロック・警告ブロックは、車いすの通行に支障しないように配置して設置する。 〈触感によるサイン〉 ■視覚障害者の誘導、および危険回避のために用いられる視覚障害者誘導用ブロック・警告ブロックは必要最小限の場所に限定し、それに代わる誘導方法を考えることも必要。 〈認知のためのサイン〉 ■幼児や車いすでは距離が遠く、内容を読むことができない位置には設置しない。	**配置** ・案内板は利用者の通行に支障のない位置に設置する。 ・案内板を高水敷などに設置する場合には、洪水疎通の阻害にならない構造とする。 ・案内板は災害復旧作業などに影響を与えない位置に設置する。 ・案内板を高水敷などに設置する場合には、洪水疎通に支障とならない構造とする。
		構造 〈案内のためのサイン〉 ・サインを設置する高さは車いす利用者や視覚障害者などに配慮する。 ・突き出している形状のものは、視覚障害者などがぶつからないように地上からの高さに注意する。 ・凹凸のある素材の使用はできるだけ避ける。 ・耐久性が高く、維持管理しやすい素材を用いる。 ・直射日光の当たるところは、熱くて点字に触れられない場合があるため、触地図を配置する場合、温度差の少ない素材を配置することが望ましい。 〈認知のためのサイン〉 〈禁止標示〉 ・危険告知板の設置箇所には、視覚障害者にも危険が感知できるよう安全性誘導用ブロック・警告ブロックの設置、舗装材の変化などにより注意を促す。	**構造** ・案内板は高齢者や車いす使用者らに見やすい高さと角度とする。 ・案内板の周囲は車いす使用者が接近できるように平坦とする。 ・案内板は、児童、高齢者、車いす使用者らに見やすい高さと角度とする。 ・案内板の周囲は車いす使用者が接近できるように平坦とする。

		十勝川サーベてのひとにやさしい川づくりの考え方(案)(抜粋) 北海道開発局帯広開発建設部 2002	「福祉の荒川づくり設計の手引き(第1版)(抜粋) 国土交通省荒川下流河川事務所 2003	「すべての人に親しまれる川づくりをめざして利根川上流ユニバーサルデザイン指針」(抜粋) 国土交通省利根川上流河川事務所 2005
情報伝達施設	案内板・サイン(表示) 計画のポイント	■案内のためのサイン ・アクセス(出入口)の整備レベル、基本方針を設定し、その情報を明示する。 ・公園の中でも自然景観を生かした場所や地形などエリアごとにどうしてもアクセスが困難な場所には、その情報を利用者に分かるようにする。 ・総合案内板は、みんなが理解できる分かりやすい内容、デザインにする。 ■誘導のためのサイン ＜視覚によるサイン＞ ・方向標示には、園路分岐点や幅員などの情報を載せることが望ましい。 ■認知のためのサイン ＜解説板＞ ・標示には、子どもや知的障害者、視力の衰えた高齢者らにも分かりやすいように工夫する。 ＜樹名板＞ ・樹名板などには必要に応じて、視覚、触覚(点字、樹名など)に訴えるものとする。	・標示は大きめの文字を用い、見やすい色調とする。 ・案内板には、必要に応じて点字、平仮名、絵文字、ローマ字による標示を併用する。	・表示は大きめの文字を用い、見やすい色調とし、点字を併用する。 ・必要に応じて、平仮名、図記号、外国語、音声などによる表示を併用する。
	河川情報板(表示) 計画のポイント		・荒川を訪れる高齢者や障害者らを含む多くの利用者の利用形態を想定し、安全の確保に配慮する必要がある。	・河川情報板は、水位やダムの放流などの河川の安全に関する情報をリアルタイムに知らせるタイプと、人が多く集まる場所に設置する場所における場所に関する総合的な案内を行うタイプがある。 ・河川空間以外の場所に設置され、不特定多数の人々が利用する場所に配置される施設であることから、見やすく分かりやすい場所・表現に努める。 ・河川情報板には、さまざまな情報を、分かりやすく表示する。 ・表示には、必要に応じて絵や平仮名、外国語、音声などを併用して情報を提供する。
	配置			・利根川の河川空間利用においては、自動車によるアクセスに十分配慮する必要がある。周辺からのアクセスルート、河川敷地内および計画施設に配慮した配置を検討するとともに、すべての人が使いやすく、安全面にも配慮した位置を利用できるように駐車場を設計する。
駐車場	駐車台数			・駐車場は、障害者らの利用が優先される駐車スペースは、既存施設、計画中の施設の位置に配慮し、堤内地からのアプローチや、河川際地や計画施設における場所を目的とする場所までの移動経路が短くなるような位置に設置する。 ・障害者らの利用が優先される駐車スペースの数は、全駐車スペースの数の1/50以上、できるだけ目的とする場所までの移動経路が短くなるような位置に設置する。 ・全駐車スペースの数が200を超える場合は全駐車スペースの数の1/100＋2台以上とする位置に設置する。

第5章　川のユニバーサルデザイン

分類		
駐車スペース	・駐車スペースの幅は3.5m以上とする。	・障害者らの利用を目的として配置する駐車スペースの幅は3.5m程度以上とする。
歩行通路	・安全路の幅員は1.2m以上とする。	・駐車スペースに接続する通路の幅は2.0m以上とする。
標識	・駐車スペースの路面には「国際シンボルマーク」を、乗降用スペースの路面には斜線を塗装装飾する。出入り口には高齢者や障害者らが利用できる駐車スペースが設置されている標識を設置する。	・駐車スペースの路面には「国際シンボルマーク」を、乗降用スペースの路面には斜線を塗装装飾する。標示板を設置する。駐車場の出入り口には、障害者らが優先して利用できる駐車スペースが設置されている表示を設置する。
計画のポイント（河川）	・荒川を訪れる高齢者や障害者を含む多くの利用者の利用形態を想定し、安全の確保に配慮する必要がある。	・高齢者や障害者を含む多くの人々が利根川の河川空間で快適に活動するためには、利用しやすいトイレが身近にあることが重要な条件となる。多くの人々の安全に配慮しつつ既存施設を考慮して配置商所を設定する。また、多くの人々が安全にかつ安全に利用できるように設計する。車いす使用者や高齢者、介助者が利用しやすく、介助者の利便性にも留意する。
構造	・高水敷に設置するトイレは、可搬式などの洪水の便宜に留意した構造とする。	・高水敷に設置するトイレは、可搬式などの洪水の便宜に留意した構造とする。
出入り口	・出入り口の幅員は80cmとする。 ・出入り口は平坦とし、勾配を設ける場合は5%程度以下とする。	・トイレの出入り口および便房入り口の幅は80cm以上を基本とし、やむを得ずトイレの出入り口が狭い場合は、トイレの出入り口および便器用便所の出入り口の幅は80cm以上とする。 ・出入り口は平坦とし、段差を設けないこと。
室内寸法	・車いす使用者が円滑に利用できる空間として、室内寸法は間口200cm、奥行き200cmを標準とする。	・車いす使用者が円滑に利用できるよう十分な空間を確保する。
付帯設備	・付帯設備は多くの利用者が利用でき、かつ使いやすいように配慮する。	・車いす使用者便房や、高齢者や障害者が視覚障害者らの使用、介助者らの使用した室内寸法の便宜とすることが望ましい。 ・車いす使用者便房や、障害者がある人たちも利用できる一般便房の付帯設備は、すべての利用者が安全に利用でき、かつ使いやすいように配慮する。
標識（表示）	・トイレの出入り口などには障害者の利用に対応できることを示すマークを標示する。	・トイレの出入り口などには障害者の利用に対応できるよう、入口付近など、分かりやすい位置にトイレの破損などを速やかに管理者の名称および連絡先を表示する。
計画のポイント（河川あそびやまちづくり）	・高齢者や障害者の利用にとって心地よい場所として、手で触れる場所は冷たく、温かみのある素材を使用する。 ・植栽計画を考慮した施設計画であることが望ましい。	・荒川を訪れる高齢者や障害者などが付帯して設置した休憩施設などが活用できることができる河川空間であることが、すべての利用者が、安らぎの空間として、休憩の空間を配置を検討する。 ・高水敷大規模堤防天端道路などは障害者の利用に対応して連絡先を表示する。 ・トイレの破損などには速やかに対応できるよう、入口付近など、分かりやすい位置に管理者の名称および連絡先を表示する。 ・高水敷大規模堤防天端道路などは障害者の利用に活用できる利根川の河川空間で快適に活動することができる空間として、その雄大な利根川の景観を望める視点場とする。

		「十勝川すべての人にやさしい川づくりの考え方(案)」(抜粋)	「福祉の荒川づくり設計の手引き(第1版)」(抜粋)	「すべての人に親しまれる川づくりをめざして利根川上流ユニバーサルデザイン指針」(抜粋)
		北海道開発局帯広開発建設部	国土交通省荒川上流河川事務所	国土交通省利根川上流河川事務所
		2002	2003	2005
四阿（あずまや）	整備方針	・四阿は、川づくりを行う上で利用が集まる拠点となり得る、河川(敷)利用の案内板(案内サイン)を四阿の内部、もしくは周辺に設置すればより効果的である。 ・四阿の中で車いすが回転できるスペース、車いすでくつろげるスペースを確保する。 ・強い日差し、風を防げる工夫が必要である。植栽計画と合わせて計画すると有効である。 ・園路と四阿の舗装表面に凹凸がないように、かつ雨天時に滑らないなどの配慮が必要である。 ・座ったり、手を触れたりする場所、視覚障害者や幼児が衝突すると危険のあるところは、柔らかく温かみのある素材を使用する。	・四阿の周囲ならびに内部は平坦とする。 ・四阿への進入スロープには段差は設けない。 ・四阿を災害復旧作業時に影響に設置する位置する。 ・四阿を高水敷に設置する場合は、洪水の疎通の阻害にならないよう可搬式とする。	・四阿（四阿・シェルター・パーゴラ）の周囲ならびに内部は平坦とする。 ・四阿を災害復旧作業時に影響を与えない位置に設置する。 ・四阿などを高水敷に設置する場合は、洪水の疎通の阻害にならないよう可搬式とする。
展望広場	計画のポイント		・四阿の計画のポイントと同じ。	・四阿の計画のポイントと同じ。
	整備方針		・展望広場周囲ならびに内部は平坦とする。 ・展望広場への進入スロープには段差は設けない。 ・車いすの脱輪防止のため高さ10cm程度以上の側壁を設置する。	・展望広場周囲ならびに内部は平坦とする。 ・展望広場への進入スロープには段差は設けない。 ・車いすの脱輪防止のため高さ5cm以上の側壁を設置する。
	計画のポイント		・四阿の計画のポイントと同じ。	・四阿の計画のポイントと同じ。
ベンチ・椅子等	整備方針	・園路、広場、遊び場、休息スペースに適切な間隔、位置にベンチを配置する。 ・高齢者や障害者、幼児らの利用を考慮し、ゆったりとしたスペースの確保が必要である。 ・植栽計画を考慮し、木陰などに配置することも特別な計画を考慮した配置とする。 ・特殊な仕様、形状は避ける。	・ベンチなどの腰掛け板の高さは40〜55cm程度とする。 ・設置にベンチを配置する。 ・地域災害復旧作業などに影響を与えない位置に設置する。 ・高齢者などが起立しやすいように腰掛け板を前傾させ、ベンチの両端もしくは片側にはベンチの支えまたは肘掛けを設置することが相当する。	・座面は高齢者が起立しやすい形状とし、手すりや肘掛けに相当する肘掛けを設置することが望ましい。 ・ベンチに隣接して、車いすが使用者が並ぶことができるスペースを確保することが望ましい。
	計画のポイント	・景観や眺望を配慮し、公園のさまざまな魅力を楽しめる場所に設置する。 ・視覚障害者や歩行通行の妨げならないように配慮する。 ・植栽計画を配慮し、木陰などに配置することに便座計画を考慮する。 ・段差や障害物をなくす。 ・背もたれは景観や眺望を楽しむときの体の支えになり、また、風や余って転倒することを防ぎ、安心感を与える。 ・身体に触れる座面や背もたれなどは、温度変化の少ない温かみのあるベンチなどは、温度変化の少ない温かみのある素材が望ましい。		

第5章　川のユニバーサルデザイン　153

分類	区分			
野外卓・休息施設	計画のポイント	・アプローチしやすい場所に配置する。 ・誰にでも利用しやすい形状とする。 ・安全な構造のものとする。 ・清掃しやすく、壊れにくいものとする。	・四阿の計画のポイントと同じ。 ・野外卓の周囲は車いす使用者が接近できるよう1.5m程度以上の水平部分を設ける。 ・野外卓の配置間隔は2.2m程度以上設ける。 ・野外卓の下部は、高さ65cm以上、奥行き45cm以下のスペースを設け、足つなどの水平構造材を設けない。 ・野外卓は災害復旧作業などに影響を与えない位置に設置する。	・四阿の計画のポイントと同じ。
	整備方針			・四阿の計画のポイントと同じ。 ・野外卓の周囲は、車いす使用者が接近できるよう1.5m程度以上の水平部分を設ける。 ・野外卓までのルートには段差を設けない。 ・野外卓の下部は、高さ65cm以上、奥行き45cm程度以上のスペースを設け、足つなどの構造材は設けない。
水飲み場	計画のポイント	・水飲み場は視覚障害者や車いす移動者に支障のない場所に設置する。 ・水飲みの形状、水栓の位置などを考慮し、車いす利用する場合も利用しやすく配置する。特に、水飲みの形状、高さ、入り口についても考慮する。 ・水飲み口に近づけやすく、かつ車いす行けの余裕ない形状（耐水性に配慮しながら、水受けの厚みない）に薄くしできるかがポイント。 ・給水ハンドルは、手の動作が不自由でも使用しやすい形状とする（レバー式、プッシュ式など）。 ・蛇口部分は常に衛生的に保つために、定期的な清掃が必要である。 ・耐久性のある素材を用いるが、特に、冬季の凍結防止のためのメンテナンスが必要である。	・飲み口は上向きの構造とし、飲み口までの高さは76〜80cm程度とする。 ・子どもや立位での利用に対応した高さの飲み口を併用する。 ・水飲み場は車いす利用できるよう使用する方向に45cm程度以上の水平部分を設け、水飲み口に近づきやすいようにする。 ・水飲み場は幅90cm以上、長さ1.5m以上、奥行き65cm以上、高さ45cm以上のスペースを設ける。 ・給水栓はレバー式などの操作しやすいものを、手前で操作できるように取り付ける。 ・水飲み場は災害復旧作業に影響を与えない位置に設置する。	
	整備方針			
テラス	計画のポイント	・高齢者や障害者を含め多くの利用者を想定し、安全性、選択性を保障するものとする。 ・川づくりとしての「整備レベル」を考慮する。 ・テラスの下の落差を小さくするなど、利用者への安全性に配慮した施工上の工夫が必要。 ・安全性に配慮し、舗装表面は凹凸がないようにする。なお、園路とテラスには段差がないように舗装する。 ・テラスは、川づくりとしての「整備レベル」および利用者のニーズに見合った場所に設置する。		
	整備方針	・テラスには転落防止用の縁石などを設置する。特に、柵は車いす利用者の視線（ビューポイント）を考慮した高さにする。		

		「十勝川すべての人にやさしい川づくりの考え方(案)」(抜粋) 北海道開発局帯広開発建設部 2002	「福祉の荒川づくり設計の手引き(第1版)」(抜粋) 国土交通省荒川下流河川事務所 2003	「すべての人に親しまれる川づくりをめざして(利根川上流ユニバーサルデザイン指針)」(抜粋) 国土交通省利根川上流河川事務所 2005
車止め	計画のポイント	・人と車両の動線、河川の利用区分を十分に把握する。 ・管理用道路や園路としての連続性や安全性を損なうことのないよう配慮する。	・オートバイや自動車の進入を防ぎ荒川を訪れる高齢者や障害者らを含む多くの利用者の利用形態を想定し、安全の確保に配慮する必要がある。	・利用者の安全性を確保するため、高水敷や堤防天端への自動車などの車両の進入を防ぐ施設として端部などに設置する。 ・車止めは、高齢者や車椅子、ベビーカーのほか、自転車利用者の安全性や利便性に配慮しながら、配置やデザインなどを検討する。
	設置位置	・河川敷の空間利用を十分に踏まえた上で、車両の通行を規制すべき場所の出入り口に設置する。	・車止めはスロープや防災用坂路と一般道路などの出入り口に設置する。	・車止めは、歩行者動線と車両動線の交差部などに設置する。
	設置間隔・配置	・車止めの間隔は車いすに余裕をもって通り抜けできるように、1.4mを基本とする。	・車止めはオートバイや自動車の車内への乗り入れを抑制し、車いす使用者、ベビーカーなどが容易に通行できる構造とし、車止めの前後には長さ1.5m以上の水平部分を設ける。	・車止めは、自転車、オートバイなどの車両の乗り入れを抑制するとともに、車いす使用者、自転車利用者、ベビーカーなどが通行できる幅を確保する。
	構造	・車止めの形状(構造)は、歩行者や自転車、車いすなどの利用に配慮し、支柱式とすることが望ましい。また、緊急時に取り外しができる構造とし、耐久性に配慮した素材を用いる。		・車止めは、取り外し可能な構造とする。
利用管理施設	形状		・車止めは夜間における視認性や視覚障害者が認識しやすい色とする。 ・車止めと併せて乗り入れ禁止を示す看板を設置する。	・車止めは、夜間における視認性や視覚障害者の認識のしやすさなどを配慮し、自然景観の中に調和する色や素材などの検討を行う。 ・車止めは、自然景観を利用して、自動車やオートバイなどの車両の乗り入れ禁止を示す標識を設置する。
安全柵	計画のポイント		・車止めは視覚障害者が認識できることとする。	・水辺と足元の高低差が大きい場所、河川管理施設などの周辺などには、利用者の安全を確保するための安全柵を設置する必要がある。 ・車いす使用者の目線からも水辺の風景を楽しむことができることに配慮するとともに、河川景観に配慮したデザインとする。
	設置位置			・安全柵は、護岸が急勾配または直立壁などの箇所、河川管理施設の周囲など、利用者が確実に危険を回避できる位置に設置する。
	構造			・安全柵は、水辺の景観を阻害しないデザインとし、かつ必要な強度を有する構造とする。 ・安全柵は、車いす使用者の目線に支障のないデザインについても配慮する。 ・安全柵は、子どもらの転落を防止する構造とする。 ・安全柵の高さは、110~120cmとする。
付帯施設				・安全柵の設置と併せ、視覚障害者や子どもらの利用を考慮し、注意を喚起する施設を設置する。

第5章 川のユニバーサルデザイン

分類	項目	内容
舟運景観施設（舟着き場）	計画のポイント	舟着き場は休憩施設、駐車場およびアクセス路なども一体として検討することとし、その歴史を伝承する場となるように計画することが望ましい。その上で、多くの人々が安全で快適に利用できるよう配慮する。
	構造	舟着き場は、高齢者や障害者らを含む多くの利用者が、乗り降りの際に安全で使いやすい構造とする。
	素材	舟着き場およびその周辺の舗装は、平坦で滑りにくい仕上げとする。その地域の風土、歴史を反映した素材を選定する。
	付帯施設	利用者の安全確保のため、必要に応じて安全設備などを設置する。
	周辺施設	舟着き場へのアクセス路、駐車場、待合・休憩施設などの舟着き場の周辺施設も一体的に検討する。
親水施設	計画のポイント	高水敷や低水路において、利用者が水を体感できるよう親水施設が開ける場合がある。その場合には、近寄って水辺の施設を整備する場合があり、高齢者や障害者、幼児らの利用も想定しながら、多くの人々が快適で安全に利用できるように、施設整備計画を検討する。
	施設設置位置	親水施設は、地域のニーズを把握し、整備目的や現地の状況に応じて安全性に十分配慮しながら、設置位置や施設整備内容を検討する。
	構造	車いす使用者、視覚障害者、幼児らの利用も想定し、直接水に触れる楽しみを安全に行うことができる構造とする。
親水景観施設（植栽計画）	計画のポイント	・十勝川における既存植生を活用した計画とする。 ・五感を刺激する樹木、草花を選定した計画を行う。 ・四季を通して感覚を刺激する多様な計画を行う。 ・休息施設やサインの計画との関連に注意する。
	樹木・草花の選定	・植生の選定にあたっては、十勝川の特徴に配慮した樹木、草花を用いることを前提として考える。また、現状においても自生している樹木、草花の活用を考える。 ・樹木にとって有害、不快な刺激は避けることを前提として、その活用を通じて四季を楽しませる空間を演出する樹木、草花を選定することが望ましい。 ・においや音などで季節を感じさせる樹種を用いる。
	配置	樹木の配置は、周辺の環境と調和に配慮して行う。

		「十勝川すべての人にやさしい川づくりの考え方(案)」(抜粋) 北海道開発局帯広開発建設部 2002	「福祉の荒川づくり設計の手引き(第1版)」(抜粋) 国土交通省荒川下流河川事務所 2003	「すべての人に親しまれる川をめざして利根川上流ユニバーサルデザイン指針」(抜粋) 国土交通省利根川上流河川事務所 2005
植栽計画	高さ	・植栽計画をするときには、車いす利用者の視線からの美しい景観に配慮する。		
	色彩	・花のある植栽とするときは色のコントラスト、バランスに注意する。例えば、白内障の人は黄色、青色と緑色の差を判別しにくい。		
	触れる	・視覚障害者や車いす利用者が容易に樹木、草花に触れることができるような工夫を行う。例えば、レイズドベッド(やや高めの花壇)に植栽することで視覚障害者や高齢者も腰をかがめたりせずゆっくりと植栽を観賞・鑑賞することができる。 ・やむを得ず、和風のあるもの、葉先が鋭いものなどを利用する場合は、手の届かない奥の方に植栽することで鑑賞者が水辺に落ちないように工夫する。 ・水辺に鑑賞者が水面に落ちないように工夫する。		
	音	・視覚障害者は視覚以外の感覚で自然の多様さを感じる。その中でも音(聴覚)は重要な要素である。葉音によって樹木の形状が大きさを想像し、水の音や風の音、鳥の鳴き声など、さまざまな音を通じて自然を感じる。		
親水・修景施設	計画のポイント		・河川空間では、さまざまな樹木や草花が訪れる人たちの目を楽しませているほか、緑陰を形成し、河川空間にうるおいや安らぎを与えている。多くの利用者がその恩恵を享受することができる空間にするため、植物を観察する場所や導入する樹種が適切でない場合もある。一方で、移動の支障や、子どもたちの利用を想定し、げる、植物を見て、触れて、嗅ぎ、そしてその植物の知識を得ることができるよう、修景施設を検討する。 ・草花や樹木の見どころ、修景、鑑賞、緑陰などの目的に応じた植栽材料を導入する。 ・移入種など、かぶれの原因となるような樹木・草花の利用者への配慮も検討する。
	植栽施設選定			・植物を植える場所、高齢者や車いす使用者などの利用を想定し、高木類の植栽や散策の方法など、周辺へのアプローチや既存および計画施設の配置などを考慮し、利便施設、情報伝達施設などの整備を考慮して整備計画を行う。また、高齢者や障害者を想定しつつ、誰もが快適にくつろぐことができる空間づくりを行う。
	構造			・必要に応じ、導入する植物を紹介する案内板などの設置を検討する。
	付帯施設			・地域ニーズや地域特性を把握し、シンボルとなる桜並木の整備を目指し、誰もが末永く親しむことができる空間づくりを行う。
計画のポイント 桜並木整備				・桜づつみは、水防用の備蓄用土としての堤内側の堤防形成の盛土上に、高木類の植栽を散策などを整備するものであり、周辺の散策や利便施設、情報伝達施設および計画施設の配置などを考慮した計画施設の整備を行う。

第5章 川のユニバーサルデザイン

区分	計画のポイント	整備方針
遊びの場	スーパー堤防上の公園など、遊具などを配置して子どもたちが楽しめるような遊び場を整備する場合においては、障害のある子どもと障害のない子どもが共に遊ぶことができるように施設計画を検討することが望ましい。	・さまざまな子どもたちが共に遊び、行動を共にする保護者や障害者にとっても使いやすく、見守りやすい施設整備を目指す。
レクリエーション施設・スポーツ施設	利根川の高水敷は、球技やスカイスポーツなど、さまざまなスポーツの場として整備・活用されている。スポーツは障害のある人や障害のない人にかかわらず、行うことも、見ることも魅力ある活動であり、高齢者や障害者の参加も想定した施設整備計画を検討することが望ましい。	・誰もが参加できる施設整備計画を検討する。
釣り場	魚釣りは、河川空間における活動の中でも人気の高い活動の1つである。ポイントを定めて釣りの場を整備する場合には、高齢者や障害者らの利用も想定し、誰もが快適に利用できるように施設整備内容の検討を行う。	・障害者らの活動も想定し、安全に水辺まで近づいて釣りを行い、快適にくつろぐことができる施設として整備する。
水辺の楽校	水辺の楽校は、河川空間に近い遊び場であり、自然体験を身近に感じる場として整備していくものであり、障害の有無にかかわらず、子どもたちに貴重な体験を提供する場であることから、障害のある子どもたちが安全に快適に利用できるように施設計画を検討する。	・水辺の楽校は、活動計画に基づき、障害のある子どもも含めてさまざまな子どもたちが共にできるよう、体験の場を整備する。
自然観察施設・体験自然観察施設	河川空間の自然環境に生息する動植物を観察できる施設の整備にあたっては、自然環境を生かしながら、散策路やベンチ、野鳥観察施設などの整備を検討する。また、高齢者や障害者の利用も想定し、案内板なども誰もが利用できるように、安全に利用できるようにしながら、誰もが使いやすく、安全に利用できるように配慮する。	・現況の植生や地形などの自然環境を極力生かしながら整備を行う。 ・施設の整備にあたってはすべての人が使いやすいものとなるよう配慮する。

る。それぞれの手引などで、アクセス施設や情報施設、利便施設などについて、それぞれの川の特徴に対応した記述、基準化などがなされている。

なお、これら三つの手引などには示されていないが、高低差のある場所へ（例えば大きな堤防の下から上へ、あるいは高低差のある護岸から水辺へ）の移動には、スロープではなくエレベーターの設置も検討されてよい。その実例については第3章で、**写真 3-17** の鬼怒川（栃木県さくら市氏家）や**写真 3-18** の新町川（徳島市）に示した。

（3） まちから川へのアクセスと川のネットワーク

以上にみたような河川空間内に設けられる各種の施設が、ユニバーサルデザインの対象となる。

それに加えて、河川利用は、沿川空間、すなわち都市や地域からのアクセスとの連続性、あるいは車による川へのアクセスといったことが必要である。上述の手引などにはその部分が明確には示されていない。鉄道の駅から川へのアクセス、まち中の歩道・散策路との連続性など、河川敷地外の都市内や地域の中の散策や移動のネットワークとの連携が重要である。その事例は、北海道恵庭市の恵庭駅と恵み野駅の交通バリアフリー計画に、漁川、茂漁川の河川空間を組み込んだ取り組みにみることができる[1),5)～7)]。また、障害を持った人が河川を利用する場合には、車いすでの川への接近のほか、車により川の中または川の近傍まで来て、河川敷地に入ることも考慮されてよい。その例は、荒川について示した**写真 5-5**（右側の写真）にみることができる。

川のユニバーサルデザインの対象には、その特徴である高い堤防を越えること、あるいは深く掘り込まれた河川の水面に近づくことがある。一般には、それは容易でない場合が多い。この面での検討が重要である。

このように、川のユニバーサルデザインの検討では、河川空間内の施設はもとより、川へのアクセスと川のネットワークとの連携が重要である。

また、河川の利用においては、トイレも重要で不可欠な施設の一つである。

以上のようなもののユニバーサルデザインがテーマとなる。

本章では、川のユニバーサルデザインの対象となる主要な施設と整備を行う際の手引、基準を示した。それら施設の単品についてではなく、河川利用全体での取り組みが重要である。その場合には、いわゆる行政の担当者、設計にかかわるコンサルタントなどの専門家のみならず、市民参加による検討、社会実験的な取り組み（順応的な取り組み、あるいは見試し的な取り組み）が必要となる[2),5)]。

参考文献

1) 吉川勝秀：流域都市論、鹿島出版会、2008
2) 川内美彦：ユニバーサル・デザイン、学芸出版社、2001／川内美彦：ユニバーサル・デザインの仕組みをつくる、学芸出版社、2007
3) 国土開発技術研究センター編（編集関係者代表：吉川勝秀）：改定 解説・河川管理施設等構造令、技報堂出版、2008
4) 河川管理技術研究会編（研究会代表：吉川勝秀）：改訂 解説・工作物設置許可基準、山海堂、1998（この文献には、河川敷地占用許可準則や河川区域における樹木の伐採・植樹基準等、関連する諸基準や指針も掲載されている）
5) 吉川勝秀編著：川のユニバーサルデザイン、山海堂、2005
6) 吉川勝秀編著：都市と河川、技報堂出版、2008
7) 石川治江・大野重男・小松寛治・吉川勝秀編著：川で実践する 福祉・医療・教育、学芸出版社、2004
8) 吉川勝秀：人・川・大地と環境、技報堂出版、2004
9) 吉川勝秀他編著：水辺の元気づくり、理工図書、2002
10) 吉川勝秀編著：市民工学としてのユニバーサルデザイン、理工図書、2001
11) 吉川勝秀：河川流域環境学、技報堂出版、2005
12) 吉川勝秀編著（リバーフロント整備センター編）：川からの都市再生、技報堂出版、2005

第6章
今後必要なこと

　河川の管理と河川空間の利用について、今後必要とされることを列挙して本書の締めくくりとしたい。

6.1　河川の空間管理、利用について

(1)　河川の利用：イベントから日常利用、常設利用へ
　　　（健康・福祉・医療・教育とその複合利用）
　河川利用では、従来の運動場などとしての休日の利用や時たまのイベント時の利用から、日常的利用、常設の施設を設けての利用が進められてよいであろう。本書では健康・福祉・医療・教育面での利用事例（真岡市の鬼怒川・自然教育センターや取手市藤代の小貝川の事例など）により示した。
　そして、河川の空間利用は、運動や福祉、教育などの個々の面での利用のみではなく、それらが複合した利用とすることができる。河川空間は、従来の教育や福祉など、個々の分野での取り組みを、地域において複合的な取り組みにすることができる、地域のほぼ唯一の公有空間であるといえる。
　このような面での河川利用が今後進められてよいであろう。

(2)　都市の河川の再生、川からの都市再生
　　　（必須の装置としてのリバー・ウォーク、舟運の再興）
　都市の河川の再生、川からの都市再生は、これからの時代の重要なテーマである。
　20世紀のように、都市に自動車交通を引き込むような道路をつくって都市を形成・再生する時代は既に終わっている。むしろ、本来は不必要である通過交通

を都市の中に引き込んでいた高速道路を撤去し、都市を再生する時代である。そのような時代にあって、都市の河川の再生、川からの都市再生は重要なテーマである[1]～[4]。

本書で示したように、我が国でも、そして欧米やアジアなどの世界の都市でも、その進んだ事例が出現している（隅田川や紫川、ボストンの水辺、ソウル・清渓川や北京の転河など）。

そのような河川の再生を行う上では、基礎自治体や都道府県の主体的な参画と実施、そしてそれへの市民参加が求められる。恵庭市の事例で示した基礎自治体の主体的な実施と市民参加・関係行政参加、徳島の事例で示したように市民主体・行政参加のような取り組みが必要である[1]。

高速道路に上空を占用された日本橋川の再生では、東京都の主体的な実施と関係行政、企業、市民参加が求められる。その主体は、もちろん国の道路行政部局や首都高速道路会社ではなく、同様の条件の河川を再生したソウルの清渓川の場合のように、東京都の主体的な実施が必要である[1],[2]（ソウルの場合はソウル特別市＝市長の主体的な実施があった）。

河川の再生、川からの都市再生においては、河川の必須の装置としてのリバー・ウォークの整備が重要である。また、川と都市を結びつける舟運の再興が求められる。

(3) 河川の管理への基礎自治体（市区町村）の関与の拡大へ
　　（市区町村参加から主体へ）

治水などの河川管理は、国あるいは都道府県により行われている。しかし、河川敷地の利用、都市再生・都市形成における河川利用は、国や都道府県ではなく、基礎自治体が行うものである。

恵庭市の事例で述べたように、河川利用が都市形成・都市再生を含めた基礎自治体の総合的な計画として行われると、優れたものになる。その際には、河川は国のもの、都道府県のもの、という誤った発想から脱却する必要がある。河川利用は、その川が流れる土地のある基礎自治体が主体的に行うべきものである[1]。

河川管理が国または都道府県の仕事であるため、現在は基礎自治体に河川管理関係部局は存在しないのが普通である。また、河川の利用などに係る担当部局もなく、その経験もない。この面の課題を克服する必要がある。しかし、そのような課題をブレークスルーした自治体もあり、いずれも良い結果につながっている〔恵庭市・漁川の再生（行政マンのリード）、北九州市・紫川からの都市再生（市長の強力なリーダーシップ）〕[1],[2]。

例えば、日本橋川の再生、川からの都市再生についてみると、関係する基礎自治体である区でも同様の問題を抱えている（担当部局の不在、経験の欠如）。しかも、基礎自治体が複数あり、そのようなテーマへの主体的な取り組みは全く経験がないし、基礎自治体で連携した取り組みの経験もない。市民主体、行政と企業参加を模索するか、あるいは東京都（知事）の主導で基礎自治体が連携して動き、市民、企業が参加する、といったことが考えられる。日本橋川の再生では、高速道路の撤去というインフラを処理することが必要であるため、東京都知事の主導による場合が最も可能性が高いであろう。

(4) 市民（住民）主体、行政参加（徳島の事例に学ぶ）

基礎自治体が主体で市民参加する取り組みとともに、行政が財政的にも、また信頼（公務員全体が信頼を失ってきていること、一定期間で担当が変わること、首長などの政治的な継続性の問題など）という面でも課題を抱えるこれからの時代には、河川の再生、川からの都市再生は、市民（住民）主体、行政参加、企業参加の形態で進められることが理想的といえる。徳島やマージ川流域再生（マージ川流域キャンペーン）などがそのイメージに近いといえる[1]～[4]。また、恵庭市の事例では、行政の中にいた者が市民団体を設立し、市民参加を誘導しており、市民（住民）主体、行政参加の形態に近い面がある。

6.2 治水管理について

(1) 河川の治水整備と管理：計画論から現実の管理へ

これからの時代においても、治水管理、すなわち洪水への対応は、河川管理の基本事項である。

これからの時代の河川の治水整備と管理については、その整備に数十年あるいは百年以上の年月が必要とされる長期の整備目標を議論する時代ではない。20世紀の中ごろ以降は、水害を被るたびに河川の整備目標を引き上げ、対応すべく管理を行ってきた。しかし、現実には、当面の目標（30～40年に1回程度発生する洪水を対象）でも、財政制約の下で（現在の投資水準が継続できたとしても）その達成に数十年を要し、長期の目標（大河川では100～200年に1回程度発生する洪水を対象）の達成には100年を超える時間が必要とされるであろう。少子・高齢化社会での公共投資への財政制約を考慮すると、さらにその達成には長い時間を要することは間違いない。

したがって、治水管理においては、現状の河川の能力（実力）と堤防決壊などによる被害の可能性（氾濫原の被害ポテンシャルと氾濫流から推定した被害の可能性）との関係を踏まえて、いつ達成できるか分からない計画を議論するのではなく、現実をみつめた対応が必要とされる。

　それは、毎年の洪水への対応でも、またこれからの治水整備においても、その視点が重要である。

　計画論においても、これまでのように、河川ごとに降雨の規模にかかわる安全度（大河川で100～200年に1回程度発生する降雨でみた安全度）で、氾濫原の人口・資産などにかかわらず一律に整備していくというものから、被害に基づいた整備計画へのシフトが求められる。すなわち、被害の視点を考慮した河川管理は、計画論（将来の計画）としても、現実（現在の河川の能力、あるいは近い将来のこととして見通せる段階的な河川整備の下での能力で）の対応においても、このような対応は、堤防により国土を守ってきたオランダ、中国、ハンガリーでは以前より行われてきたものである。

　すなわち、計画論から実管理での対応が、そして実管理と計画論において被害の視点からの対応が求められる。

（2）　見かけの公平性から被害の程度を考慮した対応へ：超過洪水を考慮した治水へ

　上記(1)でも示したように、計画で想定した洪水（あるいは現在の治水施設の能力で対応できる洪水）について考慮した対応では問題がある。

　洪水は自然の降雨に起因するものであり、その想定した洪水以上の規模の洪水（超過洪水）が発生する可能性は常にある。また、現状の河川の能力からみると、計画で想定した洪水以下の洪水でも氾濫が発生し、被害が生じる可能性がある。

　すなわち、治水の目標設定や、その目標に向けた段階的な整備において、「超過洪水」を考慮し、被害の観点から対応することが求められる。それは、洪水での危機管理の視点からの対応でもある。

　計画規模を設定し、河川ごとに同一の安全度の整備を行うことは、確率洪水論としては公平であるが、被害の視点からみると、非効率であり、危機管理上はどこで氾濫するか分からないという欠陥がある。日本でも、戦前は被害の視点、危機管理の視点から河川管理は行われていた。それは左右岸の堤防の高さの差や、あるいは堤防を設ける場所と設けない場所の設定(堤防を計画しない区域の設定、計画はあっても堤防整備をしないでいた場所の設定など)、計画的な越流堤防区間の設定などである。そのような超過洪水への対応、被害の視点からの対応がな

くなったのは、20世紀中ごろ以降のことであった。その公平性は、古くは利根川の上流の中条堤区域での連続堤防整備（遊水地区を消失させ、利根川を連続堤防システムとしたこと）[5]、戦後の確率洪水論の台頭、そしていわゆる平等という思想を経てのものである。その結果、洪水の確率論的な外力を同一とすることは、その面では平等・公平といえるが、被害の視点、危機管理の視点からはどこで堤防が決壊して氾濫するか分からないことになり、極めて合理性を欠く対応ともいえるものである。

　計画論的に被害の視点を持って堤防の整備の目標を設定しているオランダ（1,250〜10,000年に1回の洪水への対応）、中国（数年から100年以上に1回の洪水に対応。例えば長江では、同一河川の本川堤防でも等級に差を設けている。三峡ダムの完成により、長江の重要防御区間の安全度は1,000年に1回の洪水に対応できるレベルになっている）、ハンガリー（基本は100年に1回の洪水だが、ダニューブ川の3都市域では1,000年に1回の洪水）での対応は、参考にされてよいであろう。

　これからの河川の治水の実管理や河川の段階的整備、長期的整備において、超過洪水からの発想、被害からの発想が求められる。

　なお、日本では大河川の河川区域において、「超過洪水」によっても決壊しない堤防、すなわち高規格堤防（スーパー堤防）の整備が点的に行われてきたが、それは実管理上、抜本的な対応にはなり得ない。現在までの整備の進捗から推定すると、利根川では完成まで数百年程度の期間が必要となる。これからの財政制約から考えると、さらにその整備には長い年月が必要となる。このスーパー堤防は、例えば利根川上流の東京氾濫原側で堤防が決壊した場合の災害復旧改良などの機会には比較的短い年月で完成する可能性はあるであろうが、通常の整備ではその完成は見通せない（河川堤防論については拙著『河川堤防学』[5]があり、スーパー堤防についても論じてきた。今後も、被害から発想した堤防の実管理、河川堤防システム論として、スーパー堤防についてもより詳細に論じたいと考えている）。

6.3　河川法の改正、河川の基準（占用許可準則、構造令、許可基準）の視点からの対応

（1）　河川法の目的について
　1997（平成9）年の河川法の改正では、河川管理の目的に「環境」が追加された

こと、そして20～30年程度の間の河川整備について、地域の意見を聞く仕組みを設けたことが挙げられる。この改正は、長良川河口堰やダム建設などでの環境問題の指摘、さらには公共事業批判の中でのものであり、「河川利用」、都市の「空間としての河川」といった河川管理の目標までは追加されていない。ほぼ同時期に行われた海岸法の改正では、それまでの災害の「防御」に加えて、海岸の「環境」と「利用」が目的として追加されている。河川においても、「河川利用」、さらには都市や地域の「空間としての河川」が管理の目的に加えられてよいであろう。

（2）「河川管理施設等構造令」、「河川砂防技術基準」などの法律、基準など

現在の「河川管理施設等構造令」（政令）では、それが制定された時代背景もあり、もっぱら治水の視点からの最低基準（新築、改築時に満たすべき最低基準。この政令が制定される以前に整備された施設には不遡及適用）が定められている。環境の視点、さらには空間としての河川の構造（例えばリバー・ウォークなどの施設、ユニバーサルデザインなど）は全くといってよいほど規定されていない。この構造令に、「環境」はもとより、「河川利用」、都市の「空間としての河川」を規定すべきであろう。このような視点から、1976（昭和51）年制定の河川管理の法律（政令）である構造令の大改正がなされてよいであろう。空間の規定としては、例えば普通の日々の利用に対応するリバー・ウォーク、その都市域との接続、必要な場所のユニバーサルデザインの常識化、河畔緑地や流域内の緑地を含めた水と緑のネットワークなどのことが規定されてよいであろう。

法律ではないが、河川の調査、計画、設計にかかわる「河川砂防技術基準」についても、同様に大改定がなされてよいであろう。また、この技術基準に、まさにこれからの時代に必要で、現在は定められていない河川の維持管理についての基準を新たに制定することが必要であろう。

（3）その他の基準類

「河川敷地占用許可準則」、「河川工作物設置基準」などにおいても、「環境」および「河川利用」、「空間としての河川」の備えるべき事項を盛り込むことが必要であろう。

（4）河川管理・占用許可の基本ルールの伝承

また、基準ではないが、第3章で述べたように、河川の管理の基本ルール（治水上の支障、公共性の原理など）を、これからの時代に河川管理をする人々に伝えることも重要であろう。その基本ルールを踏まえた上で、一時的・仮設的な利

用の許可、あるいは社会実験を通じた占用許可の弾力化が検討されてよいであろう。その際、20世紀後半の知恵である、一般原則での行政の裁量による許可から、地域参加で定めた計画に基づく許認可の視点が重要であろう。許認可の迅速化はもちろんであるが、公開の場で許認可の議論を行い、その採否を決めることも検討されてよいであろう。

6.4 その他

（1） 行政職員の素人化

　河川管理は公的なものである。従来は、河川にかかわるスキルと経験を積んだ行政職員によりそれが行われてきた。しかし、その体制での各種の問題〔環境への配慮不足への批判、計画策定から長い年月がたった公共事業への批判、行政全般への批判、官（官僚）・業（業界）・学（大学）のトライアングルのもたれ合いといわれたこと、天下り、談合などの問題〕から、全くそのスキルを積んでいない行政職員による管理の時代にもなっている。本来、専門性的なスキルを持っているべき行政職員の素人化が進んでいる。今後さらにそれは進むであろう。そのような時代にあって、専門的な知識を要する河川の治水整備、経験などが求められる許認可といった河川管理について、その基本ルール、経験、ノウハウを学び、より良い河川整備、河川利用、さらには河川の再生、川から都市再生に貢献できる、志の高い行政職員を確保すること、あるいはそのような学習を自律的にできる仕組みを導入することが必要であろう。大学でも、そして行政内部でも、そのようなしっかりした教育体制がないのが実情であり、今後その対応が望まれる。

（2） 地方分権化の時代の河川管理

　行政権限の地方分権、地方への移管の時代において、都道府県や基礎自治体が、いかに志高く、水害に対応するとともに魅力的な河川空間の保全と整備や利用を進めるかが課題である。そのための知識と経験、さらには志を地方行政の行政職員が学ぶ必要がある。

　特に、これまでは河川管理は国（現・国土交通省）や都道府県の担当部局の仕事であるとして、基礎自治体には河川対応部局がないのが普通である。しかし、恵庭市の事例で述べたように、環境の管理、都市や地域の空間としての河川整備や利用、管理は、基礎自治体が主体的に、都道府県や国の参画を得て行うことが重要である。

このような視点で、基礎自治体の河川管理や利用への対応を進めることが課題であり、ブレークスルーすべきことであるといえる。それができると、これまでになく、より魅力的な河川の保全や整備・利用が進む可能性がある。

　それを支える仕組みとして、例えば、基礎自治体での対応部局の設立（水と緑の課、河川課、水辺再生推進室、○○川振興室など）と人材の配置ができるとよい。学識経験者や市民団体などの非常勤の人のサポート、学識者や市民の参画なども検討されてよいであろう。また、かつて国（建設省当時）の河川管理において、地域の大学の教員にリバー・カウンセラーを委嘱したことがあるが、そのような仕組みも検討されてよいであろう。

　基礎自治体や都道府県の行政職員が、河川管理について自律的に学ぶ教材（この教材が極めて乏しい。河川堤防学、河川管理などについての教材は皆無に近い）も必要である。また、ヨーロッパで試験的に行われている都市と河川にかかわる担当者の学習の機会の設定（EU の支援プロジェクト。国を超えての学習の場）のように、基礎自治体の行政マンの交流・学習の場を設けることも検討されてよいであろう。

（3）　基礎自治体の範囲を超えた課題への対応

　基礎自治体は、河川といった長い距離を有するもの（社会基盤）をすべてその自治体の所管区域内に持っていないことが多い。市町村合併で流域全体を所管区域内に持つ基礎自治体もかつてよりは多くなっているが、大きな河川になるほど、そうでないケースが多い。そのような場合には、基礎自治体の区域を超えた課題を解決する仕組みも必要である。基礎自治体の職員には、自治体を超えた問題を解決した経験がほぼ皆無であり、その志もないのが普通である。そのような場合には、流域の首長のサミット会議的なものも検討されてよい。都道府県や国の機関は、そこに参加するとともにそれを支援するものであり、主体であることは望ましくない（主体であると、都道府県や国主体、基礎自治体参加で、従来の枠組みの冷ややかなものとなる可能性が高い。比較的短期間で担当者が異動する都道府県や国が主体の組織は、人的な継続性と志、熱意が途切れるのが普通である）。

　このような課題は、地方分権の時代において、挑戦すべき課題である。いくつかの基礎自治体や都道府県において、先駆的な取り組みがなされ、それが広がっていくことが期待される。

参考文献

1) 吉川勝秀編著：都市と河川、技報堂出版、2008
2) 吉川勝秀：流域都市論、鹿島出版会、2008
3) 吉川勝秀編著：多自然型川づくりを越えて、学芸出版社、2007
4) 吉川勝秀：人・川・大地と環境、技報堂出版、2004
5) 吉川勝秀編著：河川堤防学、技報堂出版、2008

おわりに

　20世紀後半は、河川整備が河川の管理の中心であった。それは水害がしばしば発生し、再びその規模の洪水によって災害が発生しないようにするための河川の復旧改良が必要であったこと、そして、道路整備などの他の社会基盤整備と連動した形で河川整備が進められたことによるものであった。その時代には、河川整備が河川部局の中心テーマとなって、本来は中心であるべき河川の管理が、河川整備の傍流とされてきた（河川部局では、河川整備のための計画づくりの部局、整備実施の部局が力を持ち、河川管理の部局は傍流的であった）。

　道路についてみると、国土交通省（旧建設省）は整備主体の組織である。それは、国土交通省の権限は道路を整備し、その施設を管理するまでであり、道路交通の規制や制御は警察（国家公安委員会）の権限である。これに対して、河川については、河川の整備と管理は一元的に河川部局の権限である。それが、あたかも道路整備と同様に、整備主体で動いてきたのが20世紀後半の時代であった。21世紀に入ってもなお、整備主体の組織と予算を引きずっている。

　これからの時代は、人口減少、少子・高齢化社会において社会基盤整備への投資の財政的な制約から、河川を整備する時代ではなく、河川を管理する時代である。他の社会基盤も含めて、国土建設から国土マネジメントの時代である。河川の整備についてみると、治水整備と同時に、都市や地域づくりと連動した形で河川を整備して利用することがある。また、河川利用においては、都市や地域での健康・福祉、医療、子どもの教育などの新しい面での利用が行われてよい。

　河川の管理や河川空間の利用を取り扱った本は、特定の基準の解説書などを除くと、皆無に近い。河川管理が中心となるこれからの時代には、そのようなものが必要と考えられる。

　そこで、本書では広い意味での河川の管理の経過を振り返るとともに、そのあり方を考察し、また、河川利用、河川占用のルールを示すとともに先進的で良いと思われる河川利用の実例について述べた。

時代は地方分権に向かい、河川の管理は国から地方行政への移管に向かいつつある。河川空間の整備や管理に対しては、その地方行政、特に基礎自治体の主体的な対応が必要な時代である。基礎自治体には河川の管理の経験が乏しく、対応部局すらないのが実情である。そのように期待される基礎自治体の行政担当者が、河川利用と都市と一体化した河川空間の活用、さらに積極的に川を生かした都市再生、地域づくりを行う上で本書が活用されることを期待したい。

　かつて、河川は都市計画の対象外であり、河川管理では都市は対象外であった。これからの時代には、都市計画と河川の管理との関係を構築する必要がある。その観点から、筆者は『流域都市論』を著したが、本書は、それを基礎自治体レベルの河川利用や河川空間の管理の面で考察したものでもある。両書が共に活用されることを期待したい。
　また、河川利用の面では、川での福祉・医療・教育に関しては『川で実践する福祉・医療・教育』、『水辺の元気づくり―川で福祉・教育活動を実践する―』、『市民工学としてのユニバーサルデザイン―土木のバリアフリー最前線―』を編著し、それらの紹介などを行ってきたが、本書ではそれをさらに充実させるとともに更新し、都市再生や地域づくりの視点も加えて述べた。

　本書が、河川の管理に従事する国や都道府県の行政担当者、大学などで河川について学習・教育する者、そしてそれにもまして河川の利用や川からの都市再生にかかわる基礎自治体の行政担当者、市民、市民団体関係者に利用されることを期待したい。

　最後に、本書の出版に際し、大変お世話になった鹿島出版会、特に担当いただいた橋口聖一さんには記して感謝の意を表したい。

2009 年 2 月

　　　　　　　　　　　　　　　　　　　　　　　　　　　　　　　　吉川勝秀

索　　引

あ
愛河〔台湾・高雄〕　53, 118, 127
安曇川〔京都、滋賀〕　47
安曇川水害訴訟　33
油山川（水害訴訟）〔福岡〕　33, 47
荒川〔東京、埼玉〕　22
荒川下流　53, 137, 139, 142
荒川下流河川事務所　142
荒関岩雄　105, 114

い
生田川〔神戸〕　27
漁川〔恵庭〕　49, 118, 158, 162
伊勢湾台風　46, 47, 50
板垣文雄　122
一般的なルール　95
稲作農耕　1, 11
今岡亮司　110
癒しの川　123
医療面での利用　123

う
宇都宮市〔栃木〕　107

え
江戸川〔東京、千葉〕　53, 94
恵庭市〔北海道〕　11

お
大川（旧淀川）〔大阪〕　61
太田川〔広島〕　20, 47
大野重男　113, 121
小名木川〔東京〕　6
帯広開発建設部　142
オランダ　10, 30, 39, 164, 165
オリンピック　103

か
海岸法の改正　6
『改定 解説・河川管理施設等構造令』　138

楓川〔東京〕　7
確率洪水論　164
河口堰　48
河岸　6
加治川〔新潟〕　47
河岸地　7
河水浴　107
カスリーン台風　47
河川環境管理基本計画　23, 49, 79, 89, 90, 106
河川管理　36, 43
河川管理施設　88
河川管理施設等構造令　10, 42, 49, 88, 138, 166
河川管理者　11
河川管理の瑕疵　33, 47
河川管理の基本ルール　166
河川管理の国際比較　44
河川管理の地方分権　49
河川管理の目的　9
河川管理用通路　26
河川空間　51
河川空間の利用　5, 10, 36
河川工作物設置基準　166
河川砂防技術基準　166
河川敷地占用許可準則　49, 83, 88, 89, 138, 139, 166
河川敷地占用の弾力化　81
河川敷地の占用　77
河川整備　43
河川整備基本方針　28
河川整備計画　87
河川占用許可準則　23
『河川堤防学』　38, 42, 165, 168
河川の空間管理　23
河川の再生　28, 125, 161, 163
河川の実管理　32
河川の能力　32, 164
河川法　4, 9
河川法の改正　32, 48, 165

河川法の制定　45
『河川流域環境学』　42
河川利用　36, 166
河畔緑地　116, 117
鴨川〔京都〕　54, 117
瓦礫処理　15
川からの都市再生　24, 28, 35, 38, 51, 117, 125, 127, 161, 163
川塾　121
川に学ぶ体験活動協議会　121
川の一里塚　93, 94, 95, 110
川の海　107
川の中と外を一体化した利用　105
川の中の通路　27
川のネットワーク　158
川の必須の装置　27, 35
川のユニバーサルデザイン　137, 158
川辺川ダム〔熊本〕　48
川べりの牧場学校　121
環境　5, 9
慣行水利　4
神田川〔東京〕　27, 29, 47, 118
管理の瑕疵　78

き
菊地恒三郎　109
基礎自治体の関与　162
基礎自治体の範囲を超えた課題　168
北沢川緑道〔東京〕　24, 55
鬼怒川〔栃木, 茨城〕　43, 90, 93, 106, 107, 108, 110
鬼怒川・自然教育センター　99, 108, 120, 161
義務教育のカリキュラム　120
教育面での利用　96
行政参加　163
行政職員の素人化　167
許可工作物　88
近自然河川工法　35, 48

く
空間としての河川　138, 166
グリーンベルト　18

け
ケアポートよしだ　99, 121
計画に基づく許認可　79, 89, 167

計画に基づく占用　89
景観計画　87
景観法　87
継続的な占用　87
ケルン〔ドイツ〕　127
原形復旧　78
健康・福祉・医療・教育面での利用　37, 96, 161

こ
公園と河川の一体的整備　124
高規格堤防　30, 32, 165
公共事業批判　35, 166
公共性の原理　166
工作物設置許可準則　49, 139
工事実施基本計画　28, 46
洪水危険地域からの撤退　38
洪水対応　28
洪水の流下能力　78
洪水被害のポテンシャル　30
高速道路の地下化　52
高速道路の撤去　24, 52, 127, 162, 163
交通バリアフリー　124, 137, 158
交通バリアフリー計画　118
交通バリアフリー法　143
公的介護保険制度　135
黄浦江〔上海〕　118
公務員の不作為　82
公有水面　82
行楽道路　18, 116
小貝川〔取手市藤代〕　43, 90, 93, 106, 113, 161
小貝川・三次元プロジェクト　113, 120
NPO 小貝川プロジェクト 21　113, 120
国土建設　28
国土の形成　1
国民の体力増強　21
子どもも大人も、高齢者も障害者も　120
小松寛治　123

さ
災害後の復旧改良　43
財政制約下　39
境川・小松川〔東京〕　24
境川・小松川せせらぎ緑道　55
さくら市〔栃木〕　106, 158
桜づつみ　93, 106, 113

サンアントニオ川〔アメリカ・テキサス〕 99

し
自然と共生する流域圏・都市　14
実管理　164
渋谷川〔東京〕　15, 27, 118
市民（住民）主体　163
下妻市〔茨城〕　56, 111
社会基盤　133
社会実験　87, 158, 167
石神井川〔東京〕　18
舟運　6, 7, 44, 50, 61 117, 118, 161, 162
舟運の再興・振興　74
自由使用　77, 99
自由使用の原則　36
住民（市民）主導・行政参加　125
宿河原堰〔多摩川〕　34
首都高速道路　15
順応的な取り組み　158
障害者権利宣言　135
上下流バランス　35
少子・高齢化社会　32, 39, 43, 48, 133, 163
常設利用　161
障壁　135
自立生活運動　136
自律的に学ぶ教材　168
シンガポール川　53, 118, 127
人口減少の時代　48
人口爆発　14
浸水実績図　33
浸水予想図　33
神通川〔富山〕　123
新田開発　1
新町川〔徳島〕　20, 24, 74, 117, 118 125, 127
NPO 新町川を守る会　74, 117, 125
新湊川〔神戸〕　27

す
水害裁判　29, 33, 35, 47, 78
水害ハザードマップ　33
水系社会　11
水資源開発　47
水防体制　32, 38
水防団員　32
蘇州河〔上海〕　53, 118

スーパー堤防　30, 32, 39, 165
隅田川〔東京〕　24, 53, 61, 117, 118 127
隅田公園〔隅田川〕　18
スロープ　158

せ
整備目標　28, 32
関川〔新潟〕　94
関正和　35
せせらぎ水路　24
せせらぎ緑道　24
セーヌ川〔パリ〕　61, 117, 118
戦後最大規模の洪水　28, 32
戦災復興期　15
戦災復興計画　18, 116, 126
占用許可のルール　80
占用許可の期間　87
占用許可の基本方針　83
占用施設　84
占用主体　84

そ
総合治水対策　48
外堀　7

た
第三の教育の場　109
退田還湖　38
高水管理　4
多自然型川づくり　35, 48
多自然川づくり　35
多摩川〔東京、神奈川〕　22, 29, 47, 123
多摩川癒しの会　124
多摩川の水害訴訟　33
ダム建設　47, 48, 50, 166
谷田川〔大阪〕　29, 47

ち
地域参加　5
地下の放水路　31
治水　4, 9
治水管理　38, 163
治水上の支障　77, 78, 79, 86, 166
治水上の理由　77, 82
治水上の基準　86
治水整備　28
治水整備の水準　30

治水特別会計　　46, 50
治水面の管理　　44
地方分権　　167, 168
地方分権化の時代　　38, 42, 167
中国　　30, 32, 39, 164, 165
中小河川の整備　　46
超過洪水　　39, 164
長期の目標　　163
長江　　9
長江などでの水害　　38
直轄河川　　79
直轄管理　　4
直轄区間　　44
直轄工事　　46
清渓川〔ソウル〕　　24, 52, 118, 127, 162

つ
塚本昇　　114

て
低水管理　　4
定性的な理由　　33, 77
帝都復興計画　　7, 15, 18
堤防決壊　　164
テヴェレ川〔ローマ〕　　118
テームズ川〔ロンドン〕　　61, 118
デュッセルドルフ　　127
天下普請　　6, 43
転河〔北京〕　　24, 53, 98, 118, 127

と
トイレ　　103
東京オリンピック　　15, 21, 103
東京氾濫源　　165
東京緑地計画　　18, 116
投資余力　　133
道頓堀川〔大阪〕　　117, 118, 127
当面の目標　　163
登録ボランティア　　108
道路特定財源　　43, 46
都賀川〔神戸〕　　27, 117, 118
十勝川〔北海道〕　　137, 139, 142
都市型水害　　46, 50, 51
『都市と河川』　　127
都市の河川の再生　　161
都市の河川の利用　　116
真岡市〔栃木〕　　108

土地は私有、水は公有　　4, 10, 80
利根川上流　　137, 139, 143
利根川の東遷　　43
取手市藤代〔茨城〕　　56, 113
とんぼりウォーク〔大阪〕　　54

な
長堀川〔大阪〕　　16
中村英雄　　125
長良川〔岐阜、愛知、三重〕　　29, 47, 48
長良川河口堰　　35, 50, 166
長良川の水害訴訟　　33

に
荷揚げ場　　6
B.ニィリエ　　136
西川緑道〔岡山〕　　24, 55
日赤病院〔富山〕　　123
二宮町〔栃木〕　　110
日本橋川〔東京〕　　7
日本橋川の再生　　162, 163

ね
ネイチャーセンター　　112

の
野沢百合子　　111
ノーマライゼーション　　136
ノーマルな社会生活の条件　　136
呑川〔東京〕　　27, 118

は
長谷川幹　　124
ハートビル法　　143
バブル経済の時代　　23
ハーモニィセンター　　113, 120
バリアフリー　　135
ハンガリー　　30, 39, 164, 165
バンク・ミケルセン　　136
バンコク〔タイ〕　　74

ひ
被害の視点　　164
被害ポテンシャル　　164
東アジア　　44
東横堀川〔大阪〕　　16
菱刈川（水害訴訟）〔鹿児島〕　　33, 47

『人・川・大地と環境』 42
人に親しまれる川づくり 143
人にやさしい川づくり 142
避難の警報、指示、命令 33
日野原重明 122
平作川〔神奈川〕 29, 47
広島 117

ふ
複合的な利用 96, 124
福祉の荒川づくり 142
福祉面での河川利用 122
藤代町〔茨城〕 125
復旧改良事業 39
不適切な占用(申請) 79, 80, 81
不法占用 82
フラワーカナル 56, 113
フラワーベルト 111, 112
ふるさとの川 89
ふるさとの川モデル事業 103

へ
北京 52

ほ
防災 10
ポケットパーク 98
保健道路 18, 116
ボストン 26, 52
ボストン港 127
ボード・ウォーク 118
掘込み河川 26
本荘第一病院〔秋田〕 125
本荘市〔秋田〕 123

ま
マイタウン・マイリバー 89
マイン川〔フランクフルト〕 117
マージ川〔イギリス〕 53
マージ川流域キャンペーン 163
マージ川流域再生 163
まちから川へのアクセス 158

み
ミシシッピ川 9
ミシシッピ川の水害 38
NPO 水環境北海道 121

水と緑のやすらぎプラン 103
水辺の楽校 121
見試し的な取り組み 158

む
紫川〔北九州〕 24, 53, 127, 162
無理な占用 83

も
茂漁川〔恵庭〕 49, 103, 118, 158
モンスーン・アジア 44

や
山下公園〔横浜港〕 18

ゆ
遊覧船の運航 125
ユニバーサルデザイン 38, 89, 99, 135, 166
ユニバーサルデザインの基準 137
ユニバーサルデザインの対象 137
ユニバーサルデザインの七つの原則 136

よ
吉田村〔島根県〕 121, 125
吉野川〔徳島、高知〕 48
吉野川河口堰 48
淀川水系のダム 48

ら
ライン川〔ケルン、デュッセルドルフ〕 9, 24, 52, 127

り
利水 9
利水上の基準 86
リバー・ウォーク 18, 26, 27, 53, 61 89, 98, 103, 117, 118, 161, 166
リバー・カウンセラー 168
リハビリテーション 123
『流域都市論』 42
流路の付け替え 1
緑地面積 51

ろ
ロン・メイス 136

著者略歴

吉川 勝秀（よしかわ かつひで）

日本大学 教授（理工学部 社会交通工学科）
工学博士、技術士

1951 年　高知県生まれ
東京工業大学大学院（理工学研究科）修士課程修了

建設省：土木研究所研究員、同河川局治水課長補佐・河川計画課建設専門官・流域治水調整官、下館工事事務所長、大臣官房政策課長補佐・環境安全技術調整官、大臣官房政策企画官、国土交通省：政策評価企画官、同国土技術政策総合研究所環境研究部長等を経て退職。
平成 17 年度より日本大学教授。
慶應義塾大学大学院教授（政策・メディア研究科）（平成 15 ～ 19 年度）。
京都大学 客員教授（防災研究所・水資源環境研究センター）（平成 18 ～ 20 年度）
リバーフロント整備センター部長（平成 15 ～ 16 年度）。
中央大学大学院理工学研究科・東京工業大学理工学部の各講師。
内閣府総合科学技術会議・環境分野推進戦略プロジェクトチーム委員、同科学技術関係概算要求の優先順位（SABC）付けに係る環境分野外部専門家（平成 18、19 年度）。

日本学術会議特任連携会員（平成 18 ～ 20 年度）
NPO 川での福祉・医療・教育研究所 代表（理事長）

著書
『流域都市論－自然と共生する流域圏・都市の再生－』（単著）、『舟運都市－水辺からの都市再生－』（編著）［いずれも鹿島出版会］。
『都市と河川』（編著）、『河川堤防学』（編著）、『改定 解説・河川管理施設等構造令』（編集代表）、『河川流域環境学』（単著）、『人・川・大地と環境』（単著）、『流域圏プランニングの時代』（編著）、『川からの都市再生』（編著）『アジアの流域水問題』（共著）［いずれも技報堂出版］。
『多自然型川づくりを越えて』（編著）、『川で実践する福祉・医療・教育』（編著）［いずれも学芸出版社］。
『水辺の元気づくり』（編著）、『市民工学としてのユニバーサルデザイン』（編著）［いずれも理工図書］。
『自然と共生する流域圏・都市の再生』（共著）、『川のユニバーサルデザイン』（編著）、『建設工事の安全管理』（監訳）、『生態学的な斜面・のり面工法』（編著）［いずれも山海堂］。
『地域連携がまち・くにを変える』（共著）［小学館］。
『東南・東アジアの水』（共著）［日本建築学会］。
論文は多数。

河川の管理と空間利用
川はだれのものか、どうつき合うか

2009年9月20日　第1刷発行

著　者　吉　川　勝　秀

発行者　鹿　島　光　一

発行所　鹿　島　出　版　会
　　　　107-0052　東京都港区赤坂6丁目2番8号
　　　　Tel. 03(5574)8600　振替 00160-2-180883
　　　　無断転載を禁じます。
　　　　落丁・乱丁本はお取替えいたします。

装幀：高木達樹　　　DTP：エムツークリエイト
印刷：創栄図書印刷　　製本：牧製本
ⓒ Katsuhide Yoshikawa, 2009
ISBN 978-4-306-02413-7 C3052　　Printed in Japan

本書の内容に関するご意見・ご感想は下記までお寄せください。
　　URL：http://www.kajima-publishing.co.jp
　　E-mail：info@kajima-publishing.co.jp

鹿島出版会の好評既刊書

流域都市論
自然と共生する流域圏・都市の再生

吉川勝秀 著
A5判・448頁　定価5,040円(本体4,800円+税)

川からの都市再生のシナリオを設計・提示

都市計画の視野を、公共空間である連続した河川空間、既存市街地、環境にも配慮した都市形成にまで広げて、流域圏と都市について論じたもの。自然と共生する流域圏・都市の再生(形成)について、日本のみならず世界の先進的な事例を紹介するとともに、そのために必要となる再生(形成)シナリオの設計・提示など、研究の成果等についてとりまとめたものである。

主要目次

第1章	長い時間スケールで見た文明の変化と都市化
第2章	近年の都市化と今後の展望
第3章	都市環境の変遷と課題
第4章	川からの都市再生の事例
第5章	自然と共生する流域圏・都市再生の事例
第6章	都合の悪い自然(水害)への対応
第7章	交通施設と都市環境(道路撤去・川からの都市再生)
第8章	都市の水・熱・大気の循環
第9章	川、流域圏と福祉・医療・教育
第10章	生態系とエコロジカル・ネットワーク
第11章	川からの都市再生シナリオの設計・提示
第12章	流域圏(国土)再生シナリオの設計・提示
第13章	地球温暖化時代の流域圏・都市
第14章	自然と共生する流域圏・都市の再生(形成)への展望

鹿島出版会　〒107-0052　東京都港区赤坂6-2-8　Tel. 03-5574-8601　Fax.03-5574-8604　http://www.kajima-publishing.co.jp　E-mail:info@kajima-publishing.co.jp